LIBER NATURAE

ATALANTA

174

PAUL HAWKEN

CARBONO

EL LIBRO DE LA VIDA

TRADUCCIÓN
JORDI FIBLA

ATALANTA

2026

En cubierta y guardas:
textura macroscópica de hojas, freepik

Dirección y diseño: Jacobo Siruela

Título original: *Carbon: The Book of Life*
© 2025 by Paul Hawken
© De la traducción: Jordi Fibla
© EDICIONES ATALANTA, S. L.
Mas Pou. Vilaür 17483. Girona. España
Teléfono: 972 79 58 05 Fax: 972 79 58 34
atalantaweb.com

ISBN: 978-84-129986-7-2
Depósito Legal: GI 510-2026

Índice

Capítulo 1
Carbono
13

Capítulo 2
Los elementos
23

Capítulo 3
El firmamento
33

Capítulo 4
Compañeros de celda
43

Capítulo 5
Comer luz de estrellas
61

Capítulo 6
Ensalada de azúcar
75

Capítulo 7
Bucky y Bing
89

Capítulo 8
Seres verdes
103

Capítulo 9
Un reino interconectado
123

Capítulo 10
La lengua
137

Capítulo 11
Ojos de papel
151

Capítulo 12
Primigenio
167

Capítulo 13
Tierra oscura
181

Capítulo 14
Un mundo no traducido
197

Capítulo 15
Consciente
213

Agradecimientos
225

Notas
231

Carbono
El libro de la vida

Dedico esta obra a los Guardianes Tradicionales
de la tierra en la que se escribió. Siete generaciones de mi familia
se han beneficiado y nutrido de los animales, las plantas y las
prácticas de las naciones miwok de la costa. Su conexión con el
mar, los ríos, los bosques y las praderas son un recordatorio y
una enseñanza constantes. Presento mis respetos a los ancianos
del pasado y del presente, así como a los venideros.

También dedico este libro a Jasmine Scalesciani Hawken,
cuyo amor, amabilidad y apoyo infatigable me animaron
e inspiraron mientras lo escribía.

Capítulo 1

Carbono

Hay cosas que debemos hacer, expresiones que debemos decir, pensamientos que debemos pensar, y nada de ello se parece en absoluto a las imágenes de éxito que se han adueñado por completo de nuestras visiones de la justicia.

BÁYÒ AKÓMOLÁFÉ

El carbono se mueve incesantemente entre los cuatro reinos: la biosfera, los océanos, la tierra y la atmósfera. Fluye por los ríos y las venas, el suelo y la piel, el aire que respiramos y el viento. Es el narrador de vidas creadas y perdidas, de futuros temidos e imaginados. Es el mensajero que se desplaza a través de cada partícula de nuestra existencia, el entramado que sostiene culturas, lagos, mentes, praderas, organismos y nuestra vida temporal. La danza de la vida del carbono no toma partido, jamás acierta ni se equivoca. Es un camino eterno que se extiende sin fin ante nosotros. Al igual que el hilo de Ariadna, el flujo del carbono es un relato que nos permite escapar del laberinto de ansiedad, ignorancia y temor que nos lega el mundo. El aumento del carbono en la atmósfera se produce a la vez que la pérdida del mundo viviente. *El libro de la vida* rodea lo que siempre ha regulado el clima, el manto vivo y pulsante que llamamos Tierra.

Como te ocurre a ti, también yo absorbo las noticias, la ciencia, la confusión, el derrumbe de la política: un mundo que se despliega temeroso, al límite de la paciencia, envuelto en certezas superficiales. Para comprender mejor los enigmas y la luminosidad de la vida, decido alejarme corriente arriba, hasta la cabecera del río, y contemplar el flujo de la vida a través de la lente del carbono. En vez de lamentar el drama del mundo con malos augurios, atiendo a voces que ven el planeta sin la superposición de las amenazas. ¿Podrían existir cúpulas de sabiduría de la misma manera que existen cúpulas de calor? Hay mujeres y hombres que mezclan la sabiduría que muestran los indígenas en sus observaciones con la ciencia occidental para obtener una mejor comprensión de nuestro lugar en la Tierra, perspectiva que revela lo que no sabemos. Las certidumbres se disuelven para dar paso a una complejidad insondable. Aunque el carbono comprende una minúscula fracción de la Tierra, un planeta que carezca de él será una roca muerta en el espacio, como un cielo sin estrellas o una sinfonía sin sonido. Hemos reducido el carbono a un elemento errante y le hemos echado la culpa en una civilización que se empeña en destruirse. La crisis de un planeta que se calienta, el desenfreno de la injusticia y el desplome de la biodiversidad forman un todo. El carbono, las personas y la naturaleza se consideran por separado, como si fuesen independientes. El carbono es una ventana que da al conjunto de la vida, con toda su belleza, sus secretos y su complejidad. Al hablar del carbono, la gente se refiere a átomos y no a su magnificencia, a leyes físicas más que a lo sintiente. La vida es un flujo, un río, no unos componentes aislados. Las creencias a las que nos aferramos, las nimiedades a las que atendemos y la irrelevancia de muchos de los medios de comunicación que seguimos pueden hacer añicos nuestra concienciación. El flujo del carbono proporciona mejores relatos, otras perspectivas, unas visiones de lo posible que difieren de los discursos inconexos y caóticos que nos envuelven.

Desde un punto de vista planetario, el calentamiento de la atmósfera es una respuesta, un ajuste, una enseñanza. El clima de la Tierra no se está descontrolando como algunos creen, sino que está cambiando tan rápido que los seres humanos se ven incapaces de adaptarse a la nueva situación. El calentamiento global augura un futuro tumultuoso. Si las emisiones de gas que causan el efecto invernadero, inducidas por el ser humano, no se reducen, lo que se reducirá será la civilización. Tras décadas de un asesoramiento constante por parte de los científicos del clima, el mundo ha cobrado consciencia de la dinámica climática. La atmósfera cambiante ocupa el primer plano para empresas, países, escuelas y universidades. Los inversores están movilizando la mayor cantidad de recursos financieros de la historia de la humanidad. En el transcurso de las próximas décadas, el clima será el punto de apoyo de la economía. Aunque en otro tiempo bancos, inversores y fondos de pensiones se mostraron apáticos para financiar un futuro habitable, la perspectiva de descarbonizar los 110 billones de dólares de la economía global ha cambiado muchas mentalidades. ¿Qué tenemos en el orden del día? Cada hogar, automóvil, ferrocarril, avión, camión, ciudad, barco, producto, granja, edificio y servicio público del mundo. En cuanto a los recursos, la totalidad de la madera, el acero, el hormigón, la fibra, los plásticos y los minerales.

En el ámbito industrial, el clima cambiante se considera un problema de ingeniería, no una crisis debida al comportamiento, el consumo o la desconexión. Se da por sentado que es posible sustituir el actual sistema energético basado en combustibles fósiles por fuentes de energía renovable y que los privilegiados podrán seguir viviendo como siempre. Eso es pensamiento mágico. A fin de poner remedio al calentamiento global, las compañías petrolíferas se esfuerzan por capturar y extraer el carbono de la atmósfera como si esta fuese un depósito de almacenamiento inagotable. Una muestra de cómo el mundo empresarial ha llegado a percibir la Tierra: como un artilugio que los humanos pueden mantener, modificar y reparar a su antojo. Esto da a entender que una economía colosal puede domesticar la atmósfera, alegando que es neutra respecto al carbono. El actual estilo de vida se mantiene a expensas de un futuro aterrador. Nuestra conducta equivocada y la desintegración del mundo viviente son absolutamente indefendibles.

Ciertos emprendedores han creado mercados de dióxido de carbono, como se hizo antiguamente con los seres humanos esclavizados y los colmillos de marfil. Hoy en día existe un mercado de créditos de biodiversidad. El Fondo Monetario Internacional ha calculado el valor de una ballena azul en dos millones de dólares, solución que se estima basada en la naturaleza y supone que es posible arreglar el mundo natural de la misma manera que estamos tratando de reparar la atmósfera. ¿Qué podría significar la rentabilización de una ballena? La historia desmiente la inquebrantable creencia de que el mercado es un medio para crear un mundo mejor. Extraer la biosfera y venderla al mejor postor es la causa del calentamiento global y de la injusticia social. Si nos apartamos de la obsesión desorbitada por la riqueza, observamos que el comercio está eliminando la vida en la Tierra a fin de pagar los dividendos de los accionistas.

Cuando el príncipe Hamlet se lamentaba y decía «esa es la cuestión», estaba contemplando la idea del suicidio y se daba cuenta de que para eso debía abandonar el cuerpo mortal. La cuestión para la civilización son las curiosas y engañosas creencias del comercio. La bióloga Robin Wall Kimmerer, miembro de la nación nativa norteamericana

Citizen Potawatomi, explica el obstáculo: «Necesitamos más que un cambio de reglas; necesitamos un cambio en la visión del mundo, pasar de la ficción de que los seres humanos somos excepcionales a la realidad de nuestro parentesco y reciprocidad con el mundo viviente. El planeta nos pide que renunciemos a una cultura de adquisición interminable para que el mundo pueda continuar». No es posible que esto suceda si los poderes político, financiero y empresarial piensan únicamente en los beneficios futuros. La tarea de la modernidad consiste en reconocer que nuestra existencia se apoya en la totalidad de la vida planetaria.

La economía global está atravesando una gigantesca transición energética; una civilización basada en la quema de combustibles fósiles se está transformando en otra impulsada por la energía solar: placas solares, turbinas eólicas y energía hidroeléctrica. La necesidad de todo ello es evidente. Las instituciones gubernamentales y financieras han tardado décadas en aceptar que hay una crisis climática. Sin embargo, ahora que por fin lo han hecho, el discurso dominante sobre la crisis coloca al mundo viviente en una posición subordinada, lo reduce a una categoría diferente, esencial, desde luego, pero no tan apremiante y, en general, referida a la biodiversidad. Es bien sabido de qué modo los gases de efecto invernadero cambian la atmósfera, pero no se entiende cómo billones de seres vivos regulan la atmósfera y generan la abundancia del planeta que nos cobija. La bioeticista Melanie Challenger explica cómo «intentamos diseñar la vida a nuestra manera mientras la matamos tal cual es». Las necesidades humanas siguen desarmando la capacidad del planeta para regenerarse, por lo que nos enfrentamos a un futuro inimaginable de pobreza biológica en el que nuestros intentos de reparar la atmósfera serán irrelevantes. Durante los miles de millones de años que abarca la historia de la Tierra, aquello que no servía para la vida era descartado. ¿Por qué nos hemos puesto a la cola?

En los dos últimos siglos se han consumido millones de años de riqueza terrestre. Los arrecifes perecen, los polinizadores están en declive, los océanos se acidifican, los caladeros son saqueados, los bosques se vienen abajo, los suelos se erosionan, las tierras se desecan, las aves desaparecen y las tierras vírgenes disminuyen. El futuro solo se puede vislumbrar si se tiene una comprensión exacta del presente. Estamos tratando de separar el mundo humano del mundo natural, como si fuese posible tal cosa. El sistema actual de producción y consumo devora a su anfitrión. Las prácticas económicas consagradas causan y aseguran las pérdidas. Challenger escribe: «Nuestras ciudades e industrias han dejado sus huellas en el suelo, en las células de las criaturas abisales, en las partículas más lejanas de la atmósfera. El problema reside en que desconocemos la manera correcta de comportarnos con la vida. Esta incertidumbre existe, en parte, porque no podemos decidir qué es lo que hace que importen otras formas de vida o incluso si realmente importan».

Sustituir los combustibles fósiles por energías renovables es crucial pero insuficiente. La humanidad depende de su relación con todos los hábitats y todos los moradores de la Tierra, aunque no lo creamos así. La sociedad, el comercio y los Gobiernos deben concentrarse en lo que el periodista Eric Roston denomina la «danza del carbono», la constante regeneración inherente a la vida, lo cual no excluye las innovaciones e invenciones técnicas. Necesitamos tecnologías que crucen un umbral esencial: tal solución, tal estratagema o tal propuesta, ¿crean más o menos vida? Nos hemos inclinado por la segunda opción, que nos ha conducido a la situación actual. ¿Cómo es la primera? Agua pura, alimentos saludables, culturas vibrantes, gente honrada, bosques antiguos, personas sanas, equidad, educación, abundancia de caladeros, naturaleza virgen, ciudades tranquilas y verdes, suelo fértil, salarios que permitan vivir y trabajos dignos.

Aunque los medios de comunicación y las fuentes de noticias lo ignoren en gran medida, existe un movimiento para regenerar el mundo viviente encarnado en millares de organizaciones y millones de personas. Las comunidades vivificantes son más pequeñas, están cubiertas por un velo de discreción y pasan desapercibidas para las gigantescas instituciones que dominan nuestras vidas mediante el *marketing*, la publicidad y las redes sociales. Existen comunidades dirigidas por ciudadanos e indígenas cuyas acciones se basan en la reciprocidad, el mutualismo y la reconciliación con el mundo natural, cualidades que no se prestan al ciclo informativo. Su trabajo refleja lo que el biólogo evolutivo Piotr Kropotkin observó a comienzos del siglo pasado: que la cooperación y la colaboración son mucho más eficaces que la competencia cuando el entorno es cambiante y los recursos son escasos. Kropotkin pensaba en los trigales y el mal tiempo de Rusia, pero su perspicacia también es aplicable al mundo actual.

La Tierra es sensible. Los cambios en los gases atmosféricos afectan a todos los sistemas planetarios. Si en la atmósfera no hubiera carbono, la Tierra sería un Marte helado, y si hubiera demasiado, sería la caldera de Venus. No somos más que una entre 8700 millones de especies en un planeta asombroso y delicado. En lo que a biomasa pura se refiere, los seres humanos representamos el 0,01 % de todos los seres vivos. Todas las demás formas de vida crean generosas comunidades entrelazadas que no recubren la atmósfera con una doble capa de dióxido de carbono. Para comprender mejor la vida de la comunidad, basta con observar la comunidad de nuestro cuerpo, que perecería sin los innumerables billones de microorganismos que viven dentro y fuera de nosotros. Cada célula realiza millones de actividades en cualquier momento dado, y esto sucede porque flujos de carbono conectan, integran e interactúan de forma impecable. Este es nuestro planeta y este es nuestro cuerpo, que se encuentra inextricablemente fusionado con su complejo hogar. El conjunto de las células del cuerpo experimenta en un segundo diez veces más procesos que el número de estrellas que pueblan el universo. Charles Darwin lo pronosticó al predecir poéticamente que la ciencia descubriría que cada criatura viviente es un «pequeño universo constituido por una gran cantidad de organismos que se propagan por sí solos, inconcebiblemente diminutos y tan numerosos como las estrellas del cielo». La vida solo existe en las células, y cada comunidad celular alberga cien billones de átomos que se organizan en moléculas que crean y mantienen las condiciones esenciales para la existencia. Cuando las células se agrupan, cosa que tanto les gusta hacer, forman la galaxia biológica del cuerpo humano y las especies con las que compartimos el planeta, desde las codornices hasta los protozoos, los eperlanos o los grillos, pasando por las ballenas azules o las caléndulas.

La vanidad del individuo solitario y autosuficiente solo existe en los cómics y en las películas del Oeste. Amplían este engaño muchos aspectos de la modernidad, como los derechos legales, las escrituras, la teoría económica o el derecho de poseer un fusil de asalto. Se nos insta a combatir el cambio climático, una repetición delirante de Don Quijote, un crudo ejemplo de cómo encasillamos en la otredad al mundo viviente. Para cambiar la atmósfera debemos imitar los intrincados flujos del carbono planetario. Las relaciones sociales y económicas han de integrarse en ecosistemas sociales y naturales rejuvenecidos, de modo que no se vean anuladas por las formas del poder económico concentradas en unas pocas manos.

En la era de la Ilustración, la ciencia occidental se convirtió en la piedra de toque para clasificar el mundo viviente. Las plantas eran objetos, los bosques eran celulosa, los hongos eran alimento, el suelo era suciedad, los animales carecían de sentimientos y la naturaleza estaba ahí para que la exprimiéramos, la tratáramos como una mercancía y la vendiéramos. Fue un profundo fracaso de la imaginación y la percepción. La curiosidad y el ingenio que alumbraron la era de la Ilustración se transformaron en cientifismo, un racionalismo férreo que rechazaba otras formas de conocimiento. Se observaba la naturaleza y se desarrollaban modelos comprobables que presuntamente explicaban el mundo natural, cuando en realidad no hacían tal cosa.

Los habitantes primigenios que han vivido siempre en el mismo territorio, en algunos casos durante períodos de hasta cincuenta mil años, ven la naturaleza de un modo distinto. El mundo viviente es una familia y, como sucede con todas las relaciones, una vida que nunca se repite. La presencia y supervivencia de unas cinco mil culturas indígenas dependía de que sus miembros se volvieran expertos en el reconocimiento de patrones para comprender cómo prosperaban los bosques, los desiertos, el Ártico, las islas y las praderas. Sus maestros incluían todo aquello que se desarrollaba: plantas, animales, ancianos de la tribu, niños y antepasados. Los nativos norteamericanos recolectaban, cazaban y cultivaban siguiendo métodos que producían alimento y recursos abundantes para sus sucesores. Que los occidentales no actuemos de ese modo ni nos veamos así a nosotros mismos refleja lo que creemos, lo que hemos hecho y lo que terminaremos por lamentar.

La travesía humana es la práctica cotidiana de ganarnos la vida y mantenerla, cosa que podemos hacer de forma egoísta o digna. Albergamos y nos rodea una esfera de consciencia que vive y respira, entretejida por mil millones de años de vida evolutiva. La sintiencia está bajo nuestros pies, en el dosel arbóreo, en las favelas, en la respiración de un niño; la intrincada y magistral red de la vida se extiende debajo de nosotros, por encima, a nuestro alrededor. Esta consciencia es siempre nuestro relato. Un planeta herido yace ante nosotros, pero hay también un zumbido, un rasgueo, una esfera pujante llena de imaginación, misterio y valor. Estas páginas son una travesía por el reino de las plantas, el cosmos de los insectos, los laberintos de los hongos, las manadas de los mamíferos, los bosquecillos y las manifestaciones del talento humano. El flujo del carbono es una danza sagrada que se entrelaza y se entreteje a través de todos nuestros relatos.

El filósofo y poeta yoruba Báyò Akómoláfé describe su alejamiento de lo profano y lo desasosegante hacia un profundo sentido de respeto por nuestro hogar sagrado: «Ojalá esta década traiga algo más que soluciones, que un mero futuro; ojalá traiga palabras que aún no conocemos y espacios temporales que todavía no habitamos. Y ojalá se nos inflija lo que sin discusión merecemos y se nos encuentre en lugares salvajes de una manera tan apabullante que quedemos deshechos, listos para convertirnos en compostaje, listos para lo imposible».

Capítulo 2

Los elementos

El universo es más extraño no solo de lo que pensamos, sino también de lo que podemos llegar a pensar.

WERNER HEISENBERG

El carbono es el más misterioso de todos los elementos. Forma cadenas moleculares que capturan la energía y conservan la memoria. Solo existe un elemento de la naturaleza capaz de hacer eso. Aporta la estructura fundamental de los árboles, las células, las conchas, las hormonas, los orgánulos, las pestañas, los huesos y las alas de los murciélagos. Es el ingeniero y el hacedor, un agente molecular que anima todo vestigio de vida. El carbono lo organiza, ensambla y construye todo en todas partes, desde los arrecifes hasta los rinocerontes, pasando por las plantas y los planetas. El pellejo, las escamas y las membranas que envuelven y protegen la vida están hechos de carbono, que capacita e informa todos los aspectos de la consciencia; es un benigno soberano que dirige la expresión del mundo viviente. Puede hacerlo así porque conecta y desconecta, sujeta con firmeza (carbón), libera fácilmente (azúcar), es flexible (bambú) y reluce en la córnea del guepardo. El carbono es el elemento fundamental de la sintiencia, el cuidador del ADN y el bardo de la batería mitocondrial que libera la energía solar, es decir, la luz de las estrellas, en nuestro torrente sanguíneo. Los organismos comparten e intercambian carbono promiscuamente, ensamblando casi infinitas formas de vida, una de las cuales es el género *Homo*, el primate que aprendió a caminar sobre dos piernas y a dominar el fuego. Las incontables manifestaciones del carbono lo convierten en la divisa de la abundancia, en el banco central del crecimiento evolutivo y en el emprendedor socialmente más experto del panteón de la vida. Combina nitrógeno, oxígeno e hidrógeno para producir aminoácidos, el equipo básico para ensamblar una proteína. El alimento para todo ser vivo, sea una bacteria o un elefante, es un compuesto de carbono: grasas, fibra, proteínas, carbohidratos. En la digestión descomponemos moléculas de carbono y las reordenamos en forma de sangre, genes, hormonas y combustible. El alimento comienza a existir cuando la luz incide en la hoja vegetal y transmuta el carbono y el oxígeno en azúcares y celulosa.

Quienes consideran que el carbono es un contaminante harían bien en renunciar a su procesador de textos. Al margen de lo que creamos o de aquello a lo que traicionemos, las moléculas basadas en el carbono tienen la última palabra, lo cual es beneficioso. Somos una especie singularmente nueva en el planeta, con un cerebro fuera de lo común que tiende a incurrir en extraordinarios errores de juicio y que todavía está dando sus primeros pasos si se compara con el tiempo geológico. Por otro lado, la naturaleza jamás se equivoca. Experimenta, y nosotros somos uno de esos experimentos. Mientras el Sol brille, el flujo del carbono en el planeta Tierra avanzará hacia una complejidad, una abundancia y una belleza crecientes. El *Homo sapiens* es la única especie que bloquea, subvierte y rompe el flujo del carbono.

En el siglo XIX, los descubrimientos de todo un desfile de científicos permitieron predecir que el aumento de los niveles de dióxido de carbono atmosférico calentaría la atmósfera terrestre. El químico francés Joseph Fourier calculó que la Tierra era más cálida de lo que debería, teniendo en cuenta el calor que recibía el planeta. En 1824 teorizó que los gases de la atmósfera atrapaban el calor. En 1837 predijo que la totalidad de los niveles de calentamiento podían cambiar según la conducta y la actividad humanas. Le siguió la estadounidense Eunice Newton Foote, científica aficionada y activista por los derechos de las mujeres que, en 1856, realizó los primeros experimentos con ácido carbónico en botellas de vidrio selladas puestas al sol y llegó a la conclusión de que los resultados medidos en sus recipientes podían valer para el planeta: «Una atmósfera de ese gas causaría una temperatura elevada en la Tierra». Nadie hizo caso de sus trabajos durante cerca de un siglo, porque en las reuniones científicas no se permitía hablar a las mujeres. Tres años después, el científico irlandés John Tyndall ideó experimentos de precisión que demostraban que el vapor de agua y el dióxido de carbono atrapaban calor con una eficacia notable, cerca de mil veces mayor que el simple aire seco. Tyndall se quedó «perplejo» por los resultados de sus experimentos y los repitió una y otra vez. En 1896, el físico sueco Svante Arrhenius, a partir de nuevos datos, pasó un año calculando a mano qué sucedería si la cantidad de dióxido de carbono atmosférico se duplicara. Halló que la Tierra sería cinco o seis grados más cálida, una cifra que se ha mantenido hasta hoy utilizando modelos de los superordenadores más potentes. Arrhenius creía que el calentamiento global avanzaría lentamente durante siglos y que esta transformación sería positiva para el mundo, sobre todo para los habitantes de los lugares con el clima más frío. No podría haber imaginado el crecimiento exponencial de las emisiones de carbono en el siglo XX.

En sí mismo, el carbono es simple. La raíz de la palabra es el término indoeuropeo *kerh*, «arder», que evolucionó hasta convertirse en el término latino que significa «carbón», *carbonem*. El carbono presenta una simetría atómica: seis protones, seis neutrones y seis electrones. Cuatro de los seis electrones están disponibles para compartirse, ya sea carbono con carbono o con otros átomos, lo cual hace que el elemento se encuentre libre y sea estable y variable en su versatilidad. Un enlace puede ser desmedidamente firme, como sucede con la retícula romboidal en la que el carbono se une al carbono; o frágil, como sucede con los azúcares en los que el carbono se enlaza con el oxígeno y el hidrógeno; o bien mostrar un comportamiento a medio camino entre los dos anteriores, a la manera de los palillos que hacen contacto con la piel del tambor. Aunque constituye un porcentaje del universo asombrosamente pequeño, apenas una cienmilésima, el carbono se encuentra en el 90 % de las moléculas de las nubes interestelares, mientras que comprende el 99 % de los treinta y tres millones de sustancias de la Tierra. Si el carbono fuese un ser animado, alabaríamos su inteligencia social, su naturaleza gregaria, afable y flexible, así como su facilidad para hacer amigos. Al analizar en detalle una molécula de carbono, se observa que es un zoo de partículas: leptones, cuarks, bosones, mesones, bariones y otras partículas subatómicas que aparecen y desaparecen en cuestión de fracciones infinitesimales de segundo. Sin embargo, podemos raspar carbono del fondo de una sartén de hierro colado o embadurnarnos el dedo índice con el pabilo quemado de una vela.

El carbono ha viajado de un lado a otro de la atmósfera durante miles de millones de años, pero no a la velocidad con la que lo ha hecho en el último siglo. La humanidad ha creado una nueva era geológica al quemar en unos pocos siglos diez millones de años de carbono fosilizado. A los jóvenes, recién llegados al planeta, les asombra que las generaciones precedentes comprendieran el peligro que suponían los niveles elevados de gases causantes del efecto invernadero y no tomaran cartas en el asunto. Era algo de lo que no se hablaba en casa, en el trabajo, en la escuela ni en los medios de comunicación. El cono de silencio retrocede a medida que el clima extremo atormenta a más gente. Sin embargo, la mayoría de nosotros apenas mencionamos esta cuestión. Como si tal cosa, vamos a trabajar, limpiamos el jardín, labramos los campos, compartimos el coche, nos dirigimos a la fábrica, compramos provisiones y miramos las pantallas. No es un tema habitual en nuestras conversaciones informales, aunque la viabilidad de la civilización esté en tela de juicio. ¿Acaso este asunto le importa un bledo a la humanidad? Los medios de comunicación se ocupan más de los famosos, los escándalos, los pecadillos y los deportes que de la destrucción de océanos, bosques, territorios y pueblos. No es ninguna sorpresa. A menudo echo un vistazo a esas noticias inútiles, pues también deseo distraerme. Una dieta continua de noticias devastadoras abre un cráter en el bienestar mental. Nuestra mente no está equipada para lidiar con las descripciones de lo que podría sucedernos, a nosotros y a los demás. El extraordinario sistema económico que ha funcionado tan bien está destruyendo a sus creadores. ¿Cómo es posible? Parece inverosímil. No existe una posición ventajosa que permita dar un paso atrás y concentrarse en el carbono o en el clima. Vemos a la gente, pero no a las mitocondrias que la impulsan. Escuchamos noticias espantosas, pero casi nunca una forma creíble de avanzar o una ruta rigurosa para la acción personal.

El resultado es que el 99 % de la humanidad apenas hace nada ante la crisis climática. Estamos entumecidos por la ciencia, desconcertados por la jerga, paralizados por las predicciones, confusos por las acciones que emprender, estresados mientras luchamos para mantener a nuestra familia o sencillamente empobrecidos, sobrecargados de trabajo y fatigados. Sean cuales sean las causas –incapacidad, ignorancia o apatía–, la perspectiva de un infierno inminente no tiene una buena acogida ni resulta inspiradora. Mientras escribo estas líneas, activistas climáticos de Extinction Rebellion [Rebelión contra la Extinción] se personan en escuelas elementales del Reino Unido para contarles a los niños que están condenados y que ya es demasiado tarde. En el 2021, una encuesta internacional entre jóvenes de dieciséis a veinticinco años reveló que el 56 % cree que el género humano no tiene ninguna posibilidad de sobrevivir. La gente necesita una vía de comprensión que no la deje sin aliento. La mayor parte de la humanidad no habla del clima porque no sabe qué decir.

El cavernoso y psicológico agujero negro llamado «emergencia climática» está ocupado principalmente por científicos, activistas, medios de comunicación, unos pocos políticos y una juventud traumatizada. La mayor parte del mundo tampoco sabe nada del agujero, o mira el precipicio desde el borde y se apresura a retirarse. Tal es el estado del mundo con respecto a la consciencia del calentamiento global y su impacto. El mensaje climático cae en saco roto porque ignora la verdad central. El divulgador científico Matthew Shribman cree que estamos presenciando el fracaso comunicativo más grande de la historia, puesto que la emergencia climática concierne a todo el mundo natural. Shribman describe la mayor migración animal de la Tierra, un flujo extraordinario que se produce de noche en el océano. Entre los miles de millones de peces, gambas y moluscos se cuentan los copépodos, unos crustáceos diminutos que miden 1,59 milímetros y viven en ciénagas, marismas, lagos, charcas, cuevas, fosas oceánicas, hojarasca y lechos fluviales, prácticamente en cualquier lugar donde haya agua, incluidos los pequeños charcos que se forman entre las hojas y las flores caídas. En el océano, su migración nocturna a la superficie rica en alimento desplaza una cantidad de agua equivalente a la de la marea lunar. En la superficie nocturna, ocultos de los depredadores, los copépodos se alimentan del minúsculo fitoplancton, que captura carbono atmosférico. Cuando al amanecer se sumergen de nuevo, sus excrementos ricos en carbono caen al fondo del océano, sumándose a un depósito de miles, tal vez millones, de años de antigüedad. Se calcula que las capas de la superficie oceánica en las que viven son el sumidero de carbono más importante del planeta: dos mil millones de toneladas al año, algo por debajo de la sexta parte de las emisiones humanas.

¿Cómo mejorar y aumentar el flujo y las reservas de carbono? Tal vez podríamos empezar eliminando una capa de inversión térmica de nuestro pensamiento. La abrumadora serie de problemas a los que nos enfrentamos sofoca todas las posibilidades, incluso la de que existan posibilidades. Cada problema es una solución disfrazada; si no, de entrada no sería un problema. Podemos comenzar siendo conscientes de que experimentamos la física, la biología y la bioquímica del carbono cada vez que tocamos, saboreamos, respiramos, vemos, caminamos, conversamos e imaginamos. Existen aproximadamente 1,2 billones de átomos de carbono en cada una de nuestras entre 28 y 36 billones de células, muy ocupadas con tu vida. Además, los científicos calculan que los seres humanos contienen otros 40 billones de células microbianas que cubren todas y cada una de las partes del cuerpo humano, se incrustan en ellas y las impregnan, desde los incisivos hasta los intestinos. El organismo humano no podría vivir en su ausencia. El mundo microbiano nos creó hace miles de millones de años y nunca nos ha abandonado. ¿Qué tienen que ver los microbios con la crisis climática? Mantienen el mundo vivo. Los científicos estiman que se ha identificado menos del 1 % de la población microbiana.

La crisis climática y los intrincados flujos del carbono están inextricablemente unidos. La cantidad de carbono añadida a la atmósfera desde el comienzo de la Revolución Industrial es nimia si se la compara con las reservas de carbono que tiene la Tierra: menos del 0,00004 %. Este dato ilustra hasta qué punto la atmósfera es sensible al carbono adicional. Hay quienes dudan, con buen criterio, de que tales cambios puedan marcar la diferencia. ¿Cómo es posible que pasar de 280 a 425 partes por millón de dióxido de carbono tenga un gran impacto? No parece gran cosa. Los seres humanos no somos menos sensibles. El estrógeno, la testosterona, la progesterona, el cortisol, la insulina y la melatonina, que son las hormonas que determinan nuestro estado de ánimo, peso, libido, sexualidad, sueño y salud metabólica, no son más que la centésima parte de una gota de agua dentro de nuestro organismo.

Las células humanas, así como las de cada animal, planta y organismo vivos, provienen de un acontecimiento singular. Durante dos mil quinientos millones de años, existieron en el océano dos tipos similares de microbios unicelulares basados en el carbono: las bacterias y las arqueas, unos grumos minúsculos sin una finalidad evidente. Aunque eran numerosísimas, carecían de andamiaje, núcleo y órganos internos para generar energía. Las arqueas se adherían a los respiraderos hidrotermales oceánicos y a las aguas termales para su sustento, mientras que las bacterias se alimentaban de aminoácidos transportados por el océano y de compuestos de carbono. En un momento determinado los dos tipos de microbios se unieron y crearon las eucariotas, organismos celulares capaces de transformar la luz y el dióxido de carbono en oxígeno y energía. Las células recién formadas se reprodujeron interminablemente. Se volvieron sociables y comenzaron a entrelazarse, hasta que acabaron arracimándose y aglomerándose en organismos multicelulares. Los primeros prototipos fueron gusanos microscópicos que evolucionaron hasta convertirse en anguilas, langostas, árboles, osos perezosos, polillas, águilas, tú y yo. ¿Cómo se produjo esa primera unión? A pesar de sus innumerables intentos, la ciencia nunca ha logrado replicar la fusión de una arquea y una bacteria en el laboratorio. Podemos decir que toda la vida se remonta a esa única célula mutante, un acontecimiento edénico del que el periodista científico Ed Yong dice que es «pasmosamente imposible». A medida que iba aumentando la complejidad de los organismos, con diversidad de miembros, escamas, aletas, membranas y alas, la simbiosis devolvió el favor al mundo microbiano y todos los organismos se convirtieron en hábitats de los microbios. Solo en nuestro intestino hay billones de ellos, y el bienestar mental y físico depende por entero de sus peculiares funciones. El cuerpo humano contiene una comunidad de vida sin la que pereceríamos. Y lo mismo sucede con cualquier otra forma de vida. La palabra *comunidad* es esencial para resolver las crisis a las que nos enfrentamos.

¿Es posible inclinar a nuestro favor las reservas y el flujo de carbono? La respuesta es afirmativa si atendemos a la totalidad de los flujos: de microbios a células, de hongos a plantas, de granjas a cocinas, de bosques a campos, de hogares a comunidades, de factorías a comercio y de gobierno a cultura. Como dijo Sebastian Junger, «la idea de que podemos disfrutar de los beneficios de la sociedad sin deberle nada a cambio es literalmente infantil. Solo los niños no le deben nada». Tenemos que abordar lo que se encuentra aquí abajo, no ahí arriba: la enorme tasa de extracción de recursos, la concentración de riqueza, la hegemonía financiera, la corrupción política, la mercantilización de los alimentos, el desarraigo cultural, la explotación humana y la absurda «ciencia trágica» de la economía, que excluye al medio ambiente. Debemos hablar a los niños de todas las causas de la crisis, de aquello que la mayoría de los climatólogos evitan o dudan en comentar.

Capítulo 3

El firmamento

El número total de mentes que hay en el universo es una.

ERWIN SCHRÖDINGER

La petulante afirmación de que estamos hechos de polvo de estrellas es técnicamente cierta: el cuerpo humano contiene unos 44 000 cuatrillones de moléculas, lo cual es incomprensible y carece objetivamente de sentido. No sería menos cierto decir que estamos hechos de residuos nucleares. En cualquier caso, las moléculas se originaron en las esferas de las estrellas rojas gigantes, que se expanden cuando se aproximan al final de su vida. Nuestro sol hará lo mismo en algún momento. Su núcleo estelar se compone principalmente de hidrógeno y helio, y su fuente de energía es la fusión nuclear. Dos átomos de hidrógeno, el elemento más abundante del universo, se fusionan para transformarse en un átomo de helio (conocido como «partícula alfa»), el segundo elemento más abundante en el universo. No es un emparejamiento perfecto. En el momento en que los átomos se fusionan, un neutrón se separa, lo que genera una gran cantidad de energía (255 gramos de hidrógeno podrían alimentar la economía global durante un mes). Cuando uno toma el sol en la playa, sería exacto decir que se está dando un baño estelar.

33

En el transcurso de miles de millones de años, el intenso calor y la presión gravitacional en el núcleo de una estrella crean un torrente de reacciones que engendran sucesivamente elementos más pesados: oxígeno, nitrógeno, azufre y sodio, entre otros. La creación de cada elemento libera cada vez más energía, aviva una hoguera solar e incrementa la tasa de transformación de elementos. Esto es lo que ocurre hasta que aparece el vigesimosexto elemento, el hierro. Los protones, electrones y neutrones que constituyen el hierro son reactivos, pero, al contrario que los elementos más ligeros, las reacciones absorben energía, no la liberan. Cuando una estrella alcanza una masa crítica de hierro, cesa la generación de energía. El reactor de fusión se cierra, el sistema da un vuelco, el calor desaparece y, en menos de un cuarto de segundo, una estrella que fue brillante queda reducida a una majestuosa supernova visible durante meses. A cada segundo, en algún lugar del universo, erupciones estelares lanzan elementos al espacio que forman nebulosas de polvo cósmico. Estas miden billones de kilómetros de ancho y contienen azufre, argón, cobalto, plomo, grafeno y oro. Para comprender la inmensidad de la creación en curso, imaginemos la explosión diaria de 86 000 soles. Estas inmensas nubes de polvo, que abarcan centenares de años luz, protegen su vivero atómico de la destrucción ultravioleta y viajan por el cosmos durante cientos de millones de años, creando permutaciones moleculares de los elementos desechados. Finalmente, la gravedad obliga a las nubes interestelares a formar complejos vórtices de gases, polvo y guijarros. A medida que aumentan las fuerzas compresivas helicoidales de la gravedad, se constituye el disco aplanado de un nuevo sol, rodeado por una mezcla caótica de escombros que terminan por fusionarse y dan lugar a planetas. Somos la progenie de una estrella muerta, «un haz de espacio vacío y electricidad antigua, una cantidad inimaginable de átomos cuyos protones, neutrones y electrones dan saltos mortales». Las estrellas engendran estrellas. Y a nosotros.

En la década de 1950, la teoría imperante de la creación suponía que los elementos atómicos se crearon en el Big Bang. En una entrevista que ofreció a la BBC, el astrofísico Fred Hoyle acuñó *Big Bang* como una expresión burlona. La idea de que el universo surgiera de un estallido y fabricara el conjunto de los elementos en un breve instante le parecía absurda. A su modo de ver, el universo no tenía un comienzo. Hoyle creía en un modelo de estado estacionario en el que un universo en expansión creaba constantemente nuevas estrellas y galaxias, en concordancia con su ateísmo. Sin embargo, la teoría del estado estacionario terminaría por ser abandonada. La creación del universo se ubicó en un único instante, una singularidad que ocurrió hace aproximadamente 13 800 millones de años. En el 2023, unas imágenes del telescopio espacial James Webb, que se remontaban a 13 500 millones de años atrás, revelaron galaxias totalmente formadas cuya creación es posible que no encaje con esa cronología.

Desde los puntos de vista de las cosmologías hindú o budista, tanto la teoría del Big Bang como la del estado estacionario son correctas. En comparación con las cosmologías occidentales, las enseñanzas antiguas proponen unas escalas temporales inimaginables en las que el universo se expande y contrae alternativamente en el transcurso de millones de *maha kalpas*. La duración mítica de un *maha kalpa* es la cantidad de tiempo requerida para que una montaña tres veces más alta que el Everest acabe convertida en polvo por la acción de una paloma que la sobrevuele y roce su cumbre con una tela de seda una vez cada cien años. Equivaldría aproximadamente a 311 billones de años.

Se trata de una alegoría de la infinitud. De acuerdo con esta cosmología, el Big Bang vendría a ser la más reciente de las infinitas pulsaciones del universo.

Con independencia de las teorías cosmológicas, los científicos quedaron perplejos ante la existencia del carbono. Si este elemento no se había creado en el Big Bang, debía de producirse en las estrellas, pero ¿de qué manera? Primero se supuso que las partículas alfa (helio) se fusionaban en un átomo de carbono. Una partícula alfa tiene dos protones y dos neutrones. Si se multiplica por tres, se obtiene carbono con seis protones y seis neutrones. La aritmética era perfecta, pero faltaba el imprescindible «estado energético» para lograr la fusión. Los núcleos albergan cierto número de protones y neutrones, cuya configuración alrededor del núcleo determina la cantidad de energía contenida. Los distintos estados de energía, como niveles de una escalera, aparecen cuando los protones y neutrones se disponen de un modo diferente. Los físicos denominan «resonancias» a la variedad de estados energéticos en los átomos. Tres partículas alfa no pueden convertirse en carbono debido a una resonancia incompatible.

Los átomos son espacios casi vacíos que repelen a otros átomos con una fuerza extraordinariamente magnética. Si no los rechazaran, la fusión se produciría cuando pisamos tierra, y el planeta no sería mayor que una pelota de béisbol. La cuestión seguía siendo: ¿cómo se convierten en carbono los elementos más ligeros? Este enigma intrigaba a Hoyle. «Puesto que en el mundo natural estamos rodeados de carbono, y nosotros mismos somos una forma de vida basada en el carbono, las estrellas debieron de descubrir una manera muy eficaz de fabricarlo, así que voy a investigar cuál es.» Podríamos decir que Hoyle hizo las cuentas. Sabía que dos partículas alfa, al fusionarse, forman berilio, un átomo harto inestable que rápidamente vuelve a separarse en partículas alfa. En física, la rapidez tiene un significado distinto. El lapso en el que dos átomos de helio se fusionan y una tercera partícula alfa podría unírseles se calculó en la billonésima parte de una billonésima de segundo (0,000000000000000968). Hoyle postuló que, si una tercera partícula alfa chocaba con el inestable berilio en ese momento infinitesimalmente pequeño, la reacción alteraría la resonancia de los elementos y los fusionaría, de lo que resultaría carbono.

Rememorando aquella época de debate e incertidumbre, el astrofísico y periodista Marcus Chown calificó la idea de Hoyle como «la predicción más extravagante» hecha jamás en el ámbito científico, otra manera de decir que sus pares la consideraban absurda. En 1953, Hoyle dio una serie de conferencias en el Instituto de Tecnología de California, o Caltech, sobre física estelar y sobre el modo en que los elementos se sintetizaron desde el helio hasta el hierro. Los científicos de Caltech se mostraron profundamente escépticos. Hoyle era un astrónomo especulando sobre física nuclear. Al principio, Ward Whaling desdeñó sus conferencias, aduciendo que parecía como si «inventara las cosas a medida que avanzaba». Otros rechazaron de plano sus postulados sobre las propiedades estelares. Aunque algunos pensaban que su teoría era ridícula, Hoyle se mantuvo firme y afirmó que no existía ninguna otra vía concebible para la creación del carbono. Incluso instó a los científicos a que pusieran a prueba su teoría.

El escepticismo que despertaba la teoría de Hoyle se vio amplificado por el hecho de que ningún análisis espectral de gases en el universo había detectado nunca su forma imaginada de carbono energizado. Hasta tal punto importunó Hoyle al físico nuclear Willy Fowler, uno de los que más se oponía a sus ideas, que este finalmente constituyó un equipo experimental para ver si podían crear su carbono energizado. Fowler y algunos de los físicos nucleares más brillantes del mundo se organizaron para poner a prueba la teoría. Para ello, tuvieron que mover un espectrómetro de masas de varias toneladas que contenía un imán gigantesco por un pasillo de un metro veinte de ancho con dos ángulos rectos. Un grupo de estudiantes de posgrado puso la placa de acero sobre centenares de pelotas de tenis, e hicieron avanzar lentamente el dispositivo colocando continuamente las pelotas delante. El equipo, dirigido por Ward Whaling, que estaba convencido de que Hoyle se había inventado los datos, trabajó a la inversa, bombeando nitrógeno con isótopos de hidrógeno para eliminar protones y crear carbono. Al cabo de tres meses de intensa labor, el equipo de Fowler validó la extravagante predicción de Hoyle de un estado de carbono mejorado. Whaling y su equipo entregaron un informe a la Sociedad Estadounidense de Física encabezándolo con el nombre de Hoyle. La estima y consideración de este en Caltech cambió drásticamente, y Fowler y él se hicieron amigos para siempre.

Una vez revelado el modo en que las partículas alfa (helio) podían convertirse en carbono, el paso siguiente fue demostrar cómo adiciones ascendentes de partículas alfa creaban otros elementos vitales. Si sumamos dos protones y dos neutrones al carbono-12, obtenemos oxígeno-16, y así sucesivamente hasta crear neón-20, magnesio-24, silicio-28, argón-36 y calcio-40. Si trabajamos en la otra dirección, cuando dos protones se separan del oxígeno-16, obtenemos nitrógeno-14. Los aminoácidos comprenden tres elementos: carbono, oxígeno y nitrógeno. Hoyle no solo predijo el mecanismo de la síntesis del carbono, sino que identificó de qué modo se originaron los elementos esenciales de la vida y cómo se crearon los bloques de construcción en enormes estrellas rojas involutivas. Cuando una estrella colapsa y deviene una supernova explosiva, el carbono y su progenie de elementos se esparcen por todo el universo. Las simientes moleculares se diseminan como flósculos de diente de león transportados por el viento.

En el estado primordial de entropía de una estrella moribunda, conocido actualmente como «estado de Hoyle», solo uno de los cerca de dos mil quinientos núcleos de berilio, huidizos y extrañamente formados, sobreviven y se convierten en carbono en una billonésima parte de una billonésima de segundo. Y, sin embargo, el carbono es prolífico. El manto de la Tierra contiene 1850 millones de toneladas de carbono. En la atmósfera hay 585 000 millones de toneladas más; en el suelo, 2500, y en las plantas, 450 000 millones. Hoyle había desdeñado previamente la idea de que en el universo existiera un Dios o una fuerza superior. La vida era un accidente, una concurrencia aleatoria de átomos, moléculas y química; ver el universo de cualquier otro modo era «un intento desesperado» de huir de la realidad. Su descubrimiento le hizo cambiar de opinión. «Una interpretación de los hechos basada en el sentido común sugiere que un superintelecto ha jugado con la física, así como con la química y la biología, y que no hay en la naturaleza fuerzas ciegas dignas de mención. Las cifras que uno calcula a partir de los hechos me parecen tan abrumadoras que esta conclusión es casi incuestionable.» Para sus colegas, no lo era. Hoyle perdió credibilidad en el mundo científico con una afirmación que apuntaba a unas fuerzas (una inteligencia) más allá de nuestra comprensión. Sin duda, este fue el motivo de que en 1983 no compartiera el Premio Nobel concedido a Willy Fowler, que demostró la predicción de Hoyle a pesar de que en un principio la había puesto en tela de juicio.

Hoy en día, cuando los físicos describen la clase de coincidencias imprescindibles para crear la base de la vida, hablan de simetrías, resonancias, gradientes y valores extraordinarios, desde las partículas subatómicas más pequeñas hasta el campo gravitacional del Sol. Según Stephen Meyer, físico de la Universidad de Cambridge, los físicos «han descubierto que la vida en el universo depende de una serie altamente improbable de fuerzas y características y de un equilibrio extremadamente improbable entre ellas. Las potencias precisas de las fuerzas fundamentales de la física, la disposición de la materia y la energía en el inicio del universo, además de otras muchas características específicas del cosmos, muestran un delicado equilibrio para permitir la posibilidad de la vida. Si cualquiera de estas propiedades se alterase, aunque fuera muy ligeramente, la compleja química de la vida no existiría».

Los físicos han dado nombre a un universo que presenta una docena o más de coincidencias implausibles, y el término remite más al motor de un coche de carreras que a la inteligencia: «puesta a punto». Podríamos decir que las resonancias y las armonías imposibles imaginadas, deducidas y finalmente demostradas por Hoyle, Fowler y Whaling son equiparables a una sinfonía que requiere que las voces y los instrumentos se mezclen en frecuencias idénticas y complementarias de forma precisa y en el momento exacto. La primera interpretación de la sinfonía *Resurrección*, de Gustav Mahler, que dura 88 minutos, requirió 858 cantantes y 171 músicos, todos ellos con una afinación y un tono perfectos, tocando y cantando bajo la batuta de un reputado director con una capacidad de conectar extraordinaria. Si nunca la has escuchado, hazlo hasta el último movimiento.

Los físicos piensan que las probabilidades de que el universo cree la resonancia y las alineaciones que conducen a la orquesta de la vida son prácticamente inapreciables. Y, sin embargo, aquí estamos, yo escribiendo y tú leyendo.

Capítulo 4

Compañeros de celda

Hoy todavía no podemos explicar realmente cuál es la diferencia entre un trozo de materia viva y otro de materia muerta.

SARA IMARI WALKER

Cuando yo tenía cuatro años, las salamandras, las esquivas ranas y los apresurados renacuajos que se reproducían en las charcas vernales casi eran miembros de la familia. Me sentaba junto a un arroyo y miraba sin cesar a los zancudos y a las chinches de agua. Un día, cuando iba detrás de una pelota por la calle, descubrí una rana aplastada como una tortilla. Había marcas de neumático en las manchas y los abultamientos de su piel. Las patas extendidas del anfibio apuntaban en todas las direcciones. Yo estaba seguro de que la rana había muerto atropellada por la camioneta de los helados que recorría el barrio a los sones del *Cuckoo Waltz*. El despojo reseco era delgado como una lámina de cartón y ligero como una oblea. Lo recogí de la calzada y corrí para enseñárselo a mi madre. Ella lo tiró a la basura y me lavó las manos. Más tarde abrí el cubo de la basura, recogí la rana en forma de tortilla y la metí en la caja de tesoros que guardaba bajo la cama y que contenía conchas de caracol vacías, alas de mariposa desgarradas y colas sueltas de lagartijas que se me habían escapado de las manos. A pesar de mi botín de criaturas fragmentadas, no me había percatado del todo de que un ser vivo podía morir. Fue una revelación, y no me gustó lo más mínimo. Me volví obsesivo e inquieto. Aquello significaba que mi hermana, el perro y mamá podían morir. Una noche iluminada por la luna me despertó el sonido de una rana procedente de arriba. Salí de casa en pijama y allí, en el tejado, había un ave que silbaba, piaba, cantaba y trinaba. Imitaba el sonido de grillos, cuervos, arrendajos, también el de la chirriante veleta de mi abuelo y el de las ranas, mientras movía la cabeza arriba y abajo como diciendo: «Aquí en lo alto me lo estoy pasando de maravilla». Pensé que me encontraba en presencia de Dios. En serio. Cuando eres joven, la divinidad parece cercana. ¿Por qué iba a ser un pájaro si solo Dios se pasaría la noche cantando y bailando alegremente en un tejado de metal corrugado? Por la mañana salí corriendo en busca de mi abuelo para darle la noticia. Él me escuchó cortésmente, asintió, hizo una pausa y me dijo: «Ese pájaro era un sinsonte, cariño».

En la escuela nos enseñaban que la vida es una lucha competitiva. En clase de ciencias no se mencionaba la palabra *cooperación*, y rara vez se la veía en la escuela. Nos calificaban mediante una escala de valores, no como a un equipo. Nos explicaban a Darwin, no a san Francisco de Asís. Los insultos, la malicia, las novatadas y las palizas ocasionales en el recreo confirmaban lo que estudiábamos en el aula. Como telón de fondo estaban las noticias que detallaban las convulsiones de las guerras regionales y los tumultos económicos. Sin embargo, jamás vi conflictos en los manzanos, en el arroyo que había al lado de casa o entre los cuervos que chismorreaban al anochecer en los pinos. Parecía como si existieran dos mundos.

En el pasado, los biólogos definieron claramente la vida. Hay en ella movimiento, reproducción, metabolismo, energía, percepción, membranas y organización. Se decía que estos atributos son comunes a todos los organismos vivos al margen de su forma, especie o tamaño. Debido a descubrimientos biológicos recientes, esa claridad se ha perdido. Como ya no existe una definición unánime de la vida, la biología es la única ciencia que no puede enunciar con precisión lo que estudia. Esto contrasta con la experiencia personal. Nuestra percepción de la vida es instantánea e intuitiva, como lo es para todas las criaturas. Las células contienen billones de moléculas que interactúan químicamente. Tanto si hablamos de un microbio como de un manatí, las células de todos los organismos son hervideros de carbono. Las moléculas de las células son cajas de herramientas metabólicas, carentes de vida, idóneas para su intrincado mundo. ¿De qué manera billones de moléculas inanimadas en una sola célula se vuelven sensibles? Ninguna de las moléculas está viva, y aun así la célula es un organismo vivo, un fenómeno que todavía no se ha explicado.

En el transcurso de las últimas décadas, la investigación biológica ha ampliado el alcance del mundo viviente. En 1969 se descubrieron los extremófilos, microorganismos hallados en unas condiciones aparentemente inhabitables que sobreviven a niveles de calor, frío y presión que ninguna de las formas de vida conocidas hasta entonces podría resistir. Los extremófilos habitan en lagos a ochocientos metros bajo la capa de hielo antártica, y también se encuentran en rocas enterradas a unos seiscientos metros bajo el lecho oceánico.

Los tardígrados son unos animales microscópicos conocidos coloquialmente como «osos de agua» o «lechones de musgo». Parecen orugas obesas con la cara aplanada de un extraterrestre. Los tardígrados existen desde hace más de quinientos millones de años y pueden resistir la radiación nuclear, el hambre, la privación de oxígeno y una presión capaz de aplastar huesos. Cuando están completamente deshidratados, les desaparecen las patas y recuerdan a semillas de sésamo. Décadas después, si los rociás con agua, vuelven a salirles unas patitas rechonchas y se alejan con andares de pato.

A los rotíferos se les llamó primero «animálculos», término acuñado por Anton Philips van Leeuwenhoek, un maestro fabricante de lentes que vivía en la ciudad holandesa de Delft. A Leeuwenhoek se le conoce como el padre de la microbiología, y su primera contribución científica fueron los microscopios de precisión con una lente de gran potencia, diez veces más eficaces que los mejores instrumentos de la época. Su segunda contribución consistió en mirar donde a nadie se le había ocurrido. En 1674 puso una gota de agua en un plato y fue la primera persona que observó microorganismos: bacterias, protozoos, arqueas, hongos y algas que se movían velozmente de un lado a otro. «Jamás he tenido ante mis ojos una visión más placentera», escribió Van Leeuwenhoek. Sin embargo, temía compartir lo que había visto. En aquel entonces su descubrimiento no era creíble. El maestro fabricante de microscopios, sin más educación que la enseñanza primaria, finalmente se armó de valor y envió una carta a la Royal Society de Londres. Tras superar su profundo escepticismo, una delegación de esa entidad se desplazó a Holanda y vio con sus propios ojos los microbios, vivos y pulsátiles. El descubrimiento transformó el mundo de la ciencia. Años después, cuando Van Leeuwenhoek examinaba una gotícula de agua procedente de sus canalones de plomo, encontró rotíferos, unos grumos bicéfalos de zooplancton adornados con una pequeña cola en forma de remo. En el ambiente caluroso del verano, mezcló polvo del canalón con agua y vio que los rotíferos revivían. En el 2021, un científico recogió en el Ártico ruso un rotífero cuya edad estaba comprendida entre 23 960 y 24 485 años. Cuando se descongeló, el vetusto rotífero empezó a reproducirse.

Los virus dan mil vueltas a los tardígrados y los rotíferos, pero no están clasificados como una forma de vida. El Comité Internacional para la Taxonomía de los Virus indica que los virus no son organismos vivos. Puesto que no viven, deberíamos usar la palabra *residentes*, pues residen en células vivas y las transforman, unas veces para bien y otras para mal, pero sobre todo de maneras que no comprendemos del todo. Los virus son minúsculos comparados con una célula, como un niño ante el Empire State. Entran y salen con facilidad de organismos y plantas. No se alimentan ni crecen. La genética viral cambia la estructura de las células para producir millones de duplicados y, a veces, causar mutaciones. Así es como la COVID-19 se extendió y evolucionó. Se calcula que existe más de un billón de especies de virus. Miles de millones inundan nuestro intestino, la piel, los ojos, el cabello, la boca y los órganos. Los virus tienen una buena reputación. Aunque algunos, como los de la viruela, la polio y el Ébola, pueden dañar gravemente la salud humana, los científicos ofrecen una versión diferente. Sin ellos, la vida no existiría. Su presencia colectiva en el interior de nuestro organismo se denomina «viroma». Según Carl Zimmer, «si los virus carecen de vida, entonces la falta de vida está hilvanada en nuestro ser».

En 1992, la NASA inició los preparativos para buscar vida en el universo, dentro y más allá de nuestro sistema solar. Creó un departamento de exobiología para que los microbiólogos evaluaran qué sustancias químicas detectables indicarían la presencia de vida. En la comunidad de biólogos, las definiciones eran múltiples, pero la NASA requería una definición clara y operativa con el fin de establecer la presencia de vida extraterrestre. Ninguna institución estudió el problema más intensamente que la NASA, que para ello se hizo con los servicios de un elenco estelar de biólogos. Entre los científicos había un amplio consenso: la vida extrae energía del entorno, hace copias de sí misma, tiene membranas, responde y reacciona al mundo exterior, metaboliza la materia y expulsa los desechos, necesita agua y se basa en el carbono. La NASA tenía que prever formas de vida diferentes a todas las conocidas en la Tierra. Tras mucho debate, los biólogos dieron con una definición omnicomprensiva de la vida: «sistema químico autosuficiente capaz de una evolución darwiniana». Con ese pequeño sesgo terreno, la NASA se dispuso a buscar vida extraterrestre.

En el 2011, Edward Trifonov, un genetista ruso de cierto renombre, confió en unificar las perspectivas divergentes en torno a la vida. Reunió 123 definiciones de la vida, incluida la de la NASA, con la esperanza de que hubiera un tema principal subyacente que las uniera a todas. Como experto en la estructura de las proteínas, creía en la existencia de un hilo común en el interior de la estructura lingüística de las múltiples definiciones. Tomó la definición en siete palabras de la NASA y la redujo a tres: la vida es «autorreproducción con variaciones». Su descripción era un triunfo de la brevedad y parecía abarcar la totalidad de las 123 definiciones existentes. Sin embargo, la victoria le duró poco. Bajo esta definición, los virus de los ordenadores eran una forma de vida.

La religión tiene un problema similar. Hay centenares de nombres de Dios: Yahvé, Jehová, Elohim, Olodumare, Creador, Todopoderoso, Hu, Bahá, Alá, Bhagavan y Bhagavati, Nana Buluku, Chukwu o Unkulunkulu. Como sucede con las diversas definiciones de la vida, las descripciones de Dios difieren poco entre sí. Sin embargo, no crean una comprensión compartida. Mientras que la religión se extiende al mundo invisible, la vida se queda en casa y retoza con la materia y las moléculas. En física y química hay principios y constantes que son inviolables. En biología, los principios convenidos que determinan la vida son objeto de debate.

Los físicos han identificado sucesivamente partículas subatómicas cada vez más pequeñas que componen el mundo elemental. Los biólogos hacen lo mismo con el mundo celular. Pero en ninguno de los dos casos las menudencias explican un átomo o una célula. ¿Está el carbono interconectado con la serie de procesos vivos de una manera que no podemos imaginar? La respuesta rápida de los físicos es un rotundo no. Los biólogos estarían de acuerdo. El flujo del carbono no tiene cabida en la conversación, excepto como un elemento polivalente. Sin embargo, tanto la física como la biología no pueden trazar una línea clara entre lo animado y lo inanimado. Las ciencias físicas dividen, aíslan y separan mientras tratan de comprender la totalidad de la vida a través de sus partes más pequeñas. Pero la vida es otra cosa. Einstein señaló una vez que la percepción de que estamos separados de la vida es una ilusión óptica de la consciencia.

Tal vez la mejor manera de comprender la vida sea la que propone la filósofa de la ciencia Carol Cleland, que está convencida de que definir la vida es una equivocación. Las definiciones son para los diccionarios, no para el mundo viviente. Cleland cree que necesitamos comprender la naturaleza de la vida, no la vida en la naturaleza, lo cual entraña la comprensión de la vida como un sistema, ya se trate de ecosistemas, de colonias de extremófilos en respiraderos oceánicos sulfurosos o de comunidades microbianas en nuestros intestinos. Yo añadiría a esa lista las culturas indígenas, pues también ellas son sistemas vivientes duraderos. ¿Y por qué no Atenas, Kioto y otras ciudades venerables, que también son sistemas vivientes con una larga historia?

En 1961, el afamado científico inglés James Lovelock trabajaba como consultor de la NASA para desarrollar un instrumental altamente sensible que pudiera detectar la presencia o ausencia de vida en atmósferas y superficies extraterrestres. Así comenzó un programa de exploración planetaria que enviaría sondas al espacio. El primer objetivo era mandar a Marte una nave espacial de dos módulos para fotografiar el paisaje antes de aterrizar y proceder al análisis de muestras del suelo.

Marte no solo es el segundo planeta más cercano a nosotros, sino que ha sido objeto de interminables especulaciones después de que, en 1878, el astrónomo italiano Giovanni Schiaparelli, director del Observatorio Astronómico de Brera, en Milán, anunciara que había descubierto *canali*, «canales», en su superficie. El término italiano se interpretó mal, como si se refiriera a canales artificiales, lo cual implicaba la presencia de alguna civilización. En 1895, Percival Lowell observó las mismas vías rectas y creyó que por ellas se conducía agua desde los polos hasta las regiones ecuatoriales. Sus imaginativas interpretaciones de lo que había visto describían «características no naturales» y oasis allí donde los canales se cruzaban, lo cual nutrió sus textos especulativos sobre la «morada de la vida» que era Marte. Posteriormente, la creencia de que en Marte había vida dio pie a clásicos literarios como *Crónicas marcianas*, de Ray Bradbury, *Forastero en tierra extraña*, de Robert A. Heinlein, y la famosa adaptación de *La guerra de los mundos*, de H. G. Wells, en CBS Radio la víspera de Todos los Santos de 1938, que hizo cundir el pánico entre sus oyentes, pues pensaron que se trataba de la retransmisión en directo de la invasión marciana de Nueva Jersey. Cuando se anunció la misión *Viking*, la gente volvió a tener fantasías, abandonadas desde hacía mucho tiempo, de mundos ocultos en el interior del planeta rojo. Hoy en día, la curiosidad por si existe un vestigio de vida sigue siendo elevada.

En 1976, el programa *Viking* de la NASA envió a Marte dos sondas espaciales, en fechas de lanzamiento escalonadas. Ambas contenían instrumentos y detectores de Lovelock. Después de tomar fotografías de Marte y explorar el planeta en busca de lugares ideales, ambos orbitadores lanzaron módulos de aterrizaje que contenían pequeñas palas. Se trataba de retroexcavadoras en miniatura que recogían tierra y la colocaban en laboratorios ingeniosamente diseñados donde había tres «sopas» distintas que aportarían nutrientes para hongos, microbios y extremófilos. Al cabo de unas pocas horas se analizaron los gases de escape, y los resultados se transmitieron a los científicos de la NASA.

Los resultados de la prueba no ofrecieron ninguna conclusión. Un planeta con vida habría tenido una atmósfera con una mezcla dinámica de reactivos y gases. Los análisis mostraron que la atmósfera marciana es estable y está prácticamente muerta. Se compone casi por entero de dióxido de carbono con ínfimas cantidades de oxígeno, metano e hidrógeno, lo cual significa que allí no existe ninguna forma de vida. La cuestión sigue siendo si alguna vez existió vida en Marte.

En septiembre del 2022, un mes después del fallecimiento de James Lovelock a los ciento tres años, la NASA anunció que la misión *Perseverance* a Marte había recogido cuatro rocas sedimentarias de un antiguo delta fluvial que podrían demostrar que alguna vez la vida floreció en Marte. Las agencias espaciales estadounidense y europea planean enviar una nave al cráter Jezero para recoger las rocas, y confían en que lleguen a la Tierra en el 2033 y se proceda a su análisis.

Antes del lanzamiento de la *Viking*, Lovelock sabía que las formas de vida interactúan con la atmósfera y cambian su composición. Lovelock y algunos de sus colegas habían estado investigando las complejas influencias atmosféricas de las floraciones de fitoplancton en el océano. En lugar de ver la atmósfera como el resultado de exhalaciones biológicas, llegaron a la conclusión de que el fitoplancton alteraba y adaptaba la atmósfera mediante bucles de retroalimentación negativos. A medida que la atmósfera se calentaba, el crecimiento del fitoplancton iba en aumento y capturaba más dióxido de carbono. Cuando se producía un enfriamiento, la población de fitoplancton disminuía, es decir, se producía una simbiosis, una relación mutuamente beneficiosa entre los dos organismos, salvo que la atmósfera no es un organismo. Sin embargo, su investigación tenía sentido si las complejas interacciones y la retroalimentación entre la biosfera y la atmósfera se consideraban un solo organismo. Según Eric Roston, «la Tierra es, en esencia, un sistema material cerrado. La cantidad de carbono, agua y otros materiales es probablemente la misma que cuando se formó el planeta. Desde esta perspectiva, la evolución es un regulador expansible-contráctil de la trayectoria del carbono a través del sistema terrestre, y que vuelve a reconectar [...] la atmósfera, los océanos y el terreno».

A partir de su investigación y las de Alfred Whitehead y Evelyn Hutchinson, Lovelock desarrolló la hipótesis de Gaia. Propuso que la Tierra se comporta como una sola entidad viviente y no como un planeta con entidades que divergen y compiten entre sí. El escritor William Golding, premio nobel de literatura, fue quien sugirió el nombre de

Gaia, el de la diosa griega que era la madre de la Tierra y de toda la vida.

Aunque existen variaciones de la hipótesis de Gaia, la versión fundamental plantea que la acción coordinada de los organismos vivientes protege el planeta en beneficio del conjunto de la vida. Al principio no fue bien recibida. Un científico la llamó desdeñosamente «bazofia de la Nueva Era». Otras críticas se centraron en el comportamiento de los organismos. Dado que las especies actúan en su propio interés, la selección natural darwiniana y el egoísmo debían de impedir un impacto colectivo. El contraargumento es que las criaturas, incluidos los seres humanos, viven gracias a la homeostasis, un equilibrio dinámico en el que unos procesos autorreguladores mantienen la estabilidad interna. Si tu cuerpo se desvía de la homeostasis, estarás en apuros, y la situación puede conducir a la enfermedad y la muerte. Nuestros procesos autorreguladores incluyen optimizaciones químicas y fisiológicas que regulan la temperatura corporal, los fluidos y la glucemia. Para Lovelock, el planeta tenía las mismas características: una tendencia a la estabilidad entre elementos en apariencia independientes, incluida la atmósfera. Su observación era sencilla: la Tierra puede «regular su temperatura y su química para obtener un estado seguro y estable». ¿Cómo podría la inconmensurable población de formas de vida de la Tierra crear colectivamente una homeostasis planetaria? Una pregunta razonable que conduce a otra: ¿mantiene la atmósfera una homeostasis para la biosfera? ¿O sucede lo contrario? La teoría de Gaia responde afirmativamente a ambas preguntas y proporciona un marco de comprensión que no se alinea con los paradigmas darwinianos.

La conclusión de la hipótesis de Gaia es clara. No dañéis el manto de la Tierra ni los mares. Restaurad el metabolismo biológico, manchado por largos años de minería, deforestación, envenenamiento, pesca excesiva, acidificación y destrucción de los hábitats. Se sacrifica a los animales por sus colmillos, pieles, cuernos y carne. Edificios, autopistas, granjas, luces, ruido, sustancias químicas y pérdida del hábitat debilitan al reino animal. Estamos despidiéndonos de las vaquitas marinas, los delfines de río, los pandas gigantes, los leopardos del Amur, los zarapitos, los gorilas de montaña, los elefantes de bosque, los lobos de crin y hasta del gorrión común, antaño muy abundante.

Existen influencias de las que somos menos conscientes. A fin de proteger la vida del planeta, se impone que abandonemos el armamento, la pesca con palangre, las motosierras, las toxinas, las excavadoras, las plataformas de perforación y los chalés. Debemos permanecer tranquilos y apagar las luces. Las intrusiones de luz brillante y sonidos estridentes transforman el mundo de las aves, los insectos y los mamíferos. El sonido y la luz aturden y abruman los sentidos de especies que oyen, tocan, ven y conocen el mundo de maneras distintas a la nuestra. Los faros LED dañan incluso nuestros ojos, pero lo más importante es que distorsionan la noche y eliminan la luna. Las poblaciones de luciérnagas se desploman ante la contaminación lumínica. Imaginemos lo que puede significar un pequeño parque de estacionamiento para un murciélago, un búho o un chotacabras: un festín de insectos que no cesan de dar vueltas alrededor de luces LED de alta intensidad que borran la noche. Dos tercios de los invertebrados están activos durante las horas nocturnas. Los insectos cazan, polinizan y se aparean utilizando la luna y las estrellas como guías de navegación. Las mariposas nocturnas perciben la luna y la Vía Láctea en sus dorsos, lo cual les permite volar directamente a su destino. Cuando los insectos tropiezan con luces artificiales en las calles o los porches, quedan hipnotizados y vuelan en círculos. Los insectos que escapan a los murciélagos suelen revolotear hasta la extenuación y la muerte. Y los búhos se abalanzan sobre los murciélagos.

Cada 11 de septiembre, en la ciudad de Nueva York, dos columnas de luz intensa que simbolizan las Torres Gemelas conmemoran el atentado terrorista que sufrió el World Trade Center. La luz de 88 focos de xenón con una potencia de trescientos mil vatios asciende varios kilómetros en la atmósfera y es visible a casi cien kilómetros de distancia. La exhibición, conocida como *Homenaje de luz*, dura una semana y confunde a más de un millón de aves migratorias, entre ellas colirrojos, oropéndolas, vireos, reinitas de los pinos, vencejos y pájaros carpinteros. Como escribe Ed Yong, «las migraciones son una tarea extenuante que empuja a las aves de pequeño tamaño a su límite fisiológico. Un simple desvío que durase una sola noche podría socavar prematuramente sus reservas de energía y tener un efecto letal». Numerosos observadores de aves se turnan en el transcurso de la noche para supervisar su comportamiento. Si un pájaro choca con un edificio, si una bandada se pone a trazar círculos como si estuviera perdida o si hay más de un millar de aves alrededor de los haces luminosos, las luces se apagan para que las bandadas puedan recuperar su rumbo. Al cabo de unos minutos, su comportamiento cambia y pueden seguir volando. Otras ciudades, como Houston, Atlanta y Boston trabajan con el Laboratorio de Ornitología de Cornell para prevenir la muerte de las aves. Cuando se informa de migraciones a las ciudades participantes, estas apagan las luces de los edificios altos. Cada año perecen más de seiscientos millones de aves debido a colisiones con edificios.

La sensibilidad de que hace gala el *Homenaje de luz* no existe en ciudades, aeropuertos, rascacielos, puentes, farolas y porches. La luz es una clase de contaminación que no afecta a los pulmones, sino al sistema nervioso. Yong señala que «la luz ha llegado a simbolizar la seguridad, el progreso, el conocimiento, la esperanza y el bien. La oscuridad es el epítome del peligro, el estancamiento, la ignorancia, la desesperación y el mal. Desde las fogatas de las acampadas hasta las pantallas de los ordenadores, anhelamos más luz, no menos. Nos irrita pensar en la luz como algo que contamina, pero es lo que sucede cuando se introduce en momentos y lugares en los que no debería estar presente». Las crías de tortuga han evolucionado a lo largo de millones de años en playas a oscuras. Por la noche se arrastran instintivamente hacia el horizonte del océano, más brillante que la tierra que tienen detrás. Cuando las luces exteriores proceden de la dirección contraria, las crías se dan la vuelta, se alejan del mar y pueden vagar hasta ir a parar a una fogata encendida en la playa.

El ruido es contaminación audible, otro tipo de alteración del sistema nervioso, lo que Karen Bakker denomina «niebla acústica tóxica», que se encuentra a niveles epidémicos. Incide de modo significativo en los paisajes sonoros dentro de los que habitan los animales, tanto en tierra como, sobre todo, en el mar, donde el sonido viaja mejor y llega más lejos. Como sucede con el ritmo circadiano de luz solar y lunar, el sonido es una señal y un mensaje. La información sensorial guía y dirige al mundo viviente. Los seres humanos somos igualmente sensibles al sonido. ¿Qué ocurre cuando oímos una sirena, una flauta, un grito, una risa, música de *heavy metal* o un coro de góspel? Bernie Krause, pionero en bioacústica, empezó a grabar paisajes sonoros naturales en 1979. Las grabaciones son sinfonías ecosistémicas de tonos, notas, gritos, chirridos, murmullos, vibraciones, canciones y vocalizaciones producidos por organismos en el interior de hábitats intactos e inalterados. Sus grabaciones son asombrosas, hipnotizantes e intrincadas, el equivalente audible de los *Nenúfares* de Monet. A fin de entender mejor aquello que constituye los paisajes sonoros, Krause y Stuart Gage acuñaron términos para tres categorías de sonidos. *Biofonía* es el sonido de los organismos vivos en un ecosistema. *Geofonía* es el sonido natural del paisaje y la geología, el susurro del viento entre las ramas de los árboles o el del agua de un arroyo. El tercero es *antropofonía*, que remite a los sonidos generados por la actividad humana. Aunque muchos de los sonidos que creamos los seres humanos, como la música y el lenguaje, tienen un propósito y son restringidos, la mayoría, como sabe cualquier habitante de una ciudad, son caóticos, desagradables y descontrolados.

En el transcurso de décadas de investigación, Krause observó un desalentador cambio en sus grabaciones. Al regresar a prados alpinos, bosques antiguos y calveros prístinos cuyos sonidos había grabado, se encontró con que eran diferentes. Se había procedido a talar en las proximidades, se habían construido autopistas o barrios residenciales al alcance del oído o los ecosistemas se hallaban directamente bajo la trayectoria de vuelo de los aviones comerciales. Los instrumentos de grabación de Krause mostraron que buena parte del espectro audible en los ecosistemas intactos está ocupado, desde las notas graves de un mapache hasta los trinos agudos de un petirrojo por la noche. La antropofonía, el «estrépito humano», se ha diseminado por la naturaleza, contaminando y eliminando las sinfonías biofónicas. Cierta vez, durante una conversación, Krause describió la «partición», que es la manera en que los habitantes de un ecosistema dividirán y ocuparán los espacios acústicos adecuándose a su propia especie y a otras, tal como ocurre con la radio y la banda ancha. Las cigarras modificarán y adaptarán sus estridulaciones, sus característicos chirridos, para no competir con anchuras de banda diferentes.

Lincoln Meadow era un ecosistema primario intacto a 1981 metros de altura, en la Sierra Nevada californiana. Una compañía maderera alabó la sensibilidad medioambiental de la población vecina y la persuadió para que talara selectivamente una extensa área en vez de cortar los árboles a matarrasa. Cuando la noticia llegó a oídos de Krause, se apresuró a grabar los sonidos de Lincoln Meadow antes de que comenzara la tala. Al cabo de un año aún podía escuchar la geofonía del arroyo que corría por el prado, pero los sonidos de la biofonía habían desaparecido casi por completo. Desde entonces ha vuelto por lo menos quince veces más. Aunque el lugar no parece haber cambiado mucho tras la tala, Lincoln Meadow no se ha recuperado.

Cuando la antropofonía converge con la biofonía, se produce un caos tonal. Después de construirse una carretera sobre un humedal, el sonido ronco de los motores diésel al reducir la marcha por la noche podría ocupar un espectro acústico similar al del bramido de apareamiento de la rana toro. El macho alfa es ahora uno de esos grandes camiones Peterbilt. Las ranas toro, dominantes en la biofonía del pasado, permanecen calladas. Krause documentó de qué manera la ausencia de sonidos procedentes de una o más especies puede causar el ulterior declive de otras especies presentes en el mismo hábitat. Se asemeja a la metáfora de un avión en vuelo de una de cuyas alas comenzaran a saltar los remaches uno tras otro. La pérdida de unos pocos remaches es asumible, pero a partir de cierto número el ala se debilitará y el aparato acabará por estrellarse. El ruido, que aumenta exponencialmente en todo el planeta, es una forma de contaminación descontrolada que hace que el mundo viviente se desmorone. A la inversa, Krause regresó en el 2023 a un prado cuyos sonidos había grabado durante treinta años y tomó asiento bajo un arce de hoja ancha; pues bien, por primera vez reinaba el silencio. No se oía absolutamente nada. Los movimientos en la maleza, la reinita coroninaranja, el toquí moteado, el reyezuelo y la tórtola torcaza..., todo había desaparecido.

La naturaleza se ha escuchado a sí misma a lo largo de millones de años. Actúa basándose en esos sonidos, que constituyen un lenguaje en evolución que no podemos comprender. Imagina que mañana por la mañana sintonizas tu emisora de radio y escuchas una mezcla confusa de persa iraní, chino wu, español ranchero y árabe sudanés entrelazados con inglés macarrónico. Es una buena analogía de cómo los animales deben de oír la cacofonía de sonidos que se alza de nuestras ciudades, petroleros, carreteras y motosierras. Aparte de la contaminación por ruido, «un gran silencio se extiende sobre el mundo natural», en palabras de Krause; un silencio cuyo causante es un gran ruido. Algunos investigadores predicen que en el 2050 habrá suficientes carreteras para rodear seiscientas veces la Tierra.

Aunque es posible que la biología no baste para definir la vida, los biólogos han hecho más descubrimientos sobre la inteligencia y la interconexión de los sistemas vivientes en las últimas décadas que en toda la historia anterior. Empezando por nuestro cuerpo, no controlamos el número infinito de acontecimientos que se producen en nuestras células. Extraordinarias redes de hongos, virus y bacterias bajo el suelo determinan la salud de la vida vegetal y la capacidad que tiene la Tierra para almacenar agua y moderar la temperatura del planeta a través de la hidrosfera. Los árboles son comunidades que se hacen señales unas a otras, mediante feromonas y redes de hongos, para avisarse, protegerse y orientar su bienestar y supervivencia. Los animales poseen amplias habilidades de comunicación y unas mentes inventivas que solo ahora estamos empezando a comprender. Las profundidades marinas, a trescientos metros por debajo de la superficie, constituyen el hábitat más grande del planeta. Más del 80 % de sus pobladores recurren a la bioluminiscencia para comunicarse, detectar otros elementos y defenderse, haciendo de la luz el método de comunicación más extendido entre los organismos de la Tierra. En la tierra y en el cielo, la comunicación consiste en bioacústica que impacta en la salud y el estado de los ecosistemas. Quien haya pasado una noche al aire libre en la Amazonia, el ecosistema más ampliamente diversificado del planeta, habrá disfrutado de una ópera interpretada por la fauna. «Si nosotros importamos, también importa todo lo demás», concluye Melanie Challenger en su influyente obra *El animal que somos.* «Cuanto más tomamos, tanto más se apagan sus luces.»

Capítulo 5

Comer luz de estrellas

Si no puedes pronunciarlo, no lo comas.

MICHAEL POLLAN

El hambre y nuestra pasión por los alimentos –sus sabores, aromas, colores y texturas– son variaciones de la danza del carbono. Cuando notas el aroma del pan recién salido del horno, salivas por la conversión de los carbohidratos en alcohol y dióxido de carbono. Tu torrente sanguíneo habla a la lengua y el olfato. Más del 99 % del cuerpo humano está hecho de hidrógeno, carbono, oxígeno y nitrógeno. La atmósfera tiene los mismos componentes, igual que los alimentos. La disposición de esos cuatro elementos determina los sabores naturales y artificiales. Las grasas corporales, ya sean las del abdomen, la piel o el cuero cabelludo, son carbono, como el aceite de oliva que guardamos en la despensa. Los azúcares son carbono enlazado por oxígeno e hidrógeno. Añade nitrógeno, y obtendrás las proteínas que forman los músculos, los ojos, los órganos y la piel. Cuando sorbemos, mordemos y masticamos, el sabor y el aroma envían neuronas al rombencéfalo a ciento sesenta kilómetros por hora. Este conjunto de información instantánea nos dice si debemos comer. Todo lo que consumimos se compone de carbono. Saboreamos nutrientes que las plantas crean con carbono, agua y una estrella.

Durante dos millones de años, los seres humanos fueron cazadores-recolectores. Deambularon como nómadas desde sus lugares de origen en África hasta Oriente Medio, Asia, Europa y, por último, el continente americano, y entretanto desarrollaron herramientas, asentamientos, el fuego y un detallado conocimiento de la vida vegetal y animal. Hoy en día la diáspora está representada por los cinco mil pueblos indígenas diseminados por la Tierra, que comprenden el 6 % de la población mundial.

La búsqueda de alimento no cesa jamás. La abundancia proporcionada por el sistema alimentario moderno de domesticación elimina la necesidad de cazar para obtener alimento en la mayor parte de los países, pero no la de recolectar. Colón buscaba especias, no un continente desconocido. En 1492 desembarcó primero en San Salvador, mar adentro desde las Bahamas, y después en La Española, donde sometió a los nativos, el pueblo taíno, la segunda cultura con la que se topaba. Ciertos autores achacan atrocidades a los españoles. Colón halló una corteza de árbol que, según él, era canela; pretendía demostrarle de este modo a la reina Isabel que había descubierto la ruta occidental hacia la India, donde había encontrado a muchos «indios».

En los quinientos años anteriores, los europeos habían experimentado treinta y siete hambrunas, siete de ellas en Italia. Los invasores fueron a parar a un paraje lleno de alimentos, cultivados por unas gentes que no habían conocido el hambre durante siglos. Sin que los conquistadores lo supieran, los hallazgos de alimento eran mucho más valiosos que la plata y el oro saqueados. El maíz se empezó a cultivar en el centro de México diez mil años atrás. El maíz que trajo Colón se cultiva hoy en buena parte del planeta, desde Rusia hasta Sudáfrica, y es la cosecha de cereales más grande por peso cultivada en el mundo. Tres tubérculos comestibles propios de las Américas –la patata, el boniato y la yuca– constituyen en su conjunto la mayor fuente de calorías de la Tierra. Si añadimos cacao, tomates, aguacates, pimientos, guindillas, cacahuetes, anacardos, girasol, cártamo, vainilla, piña tropical, papaya, arándanos, fresas, fruta de la pasión, pacanas, melones, pepinos, calabazas, nueces, calabacines, arándanos rojos, alubias rojas, alubias pintas y garrofón, no resulta difícil conceder que los agricultores indígenas de las Américas fueron los principales cultivadores de plantas de la historia. Podríamos haber aprendido más sobre la historia de la alimentación y la agricultura en Mesoamérica si hubieran sobrevivido las grandes bibliotecas del pueblo maya. En 1562, el obispo español Diego de Landa quemó todos los libros mayas (códices) de los que pudo apoderarse para eliminar su cultura pagana. Se conservan cuatro códices mutilados, cuyas páginas, hechas de corteza de árbol dobladas en forma de acordeón, contienen textos de historia y religión, calendarios e infalibles mapas estelares.

Ya no necesitamos buscar alimento. Nos nutrimos mediante un sistema complejo que ha creado una abundancia sin parangón. Se calcula que existen trescientas mil plantas comestibles. Pero los seres humanos consumimos normalmente menos de doscientas. Muchas de las restantes podrían tener un sabor amargo, silvestre o herboso, en absoluto adecuado para incluirlo en un batido. Sin embargo, nuestros antepasados dependían de miles de variedades para su sustento. Actualmente, una docena de plantas y cinco animales aportan el 75 % de la dieta humana. La drástica reducción de la diversidad se produce en una era en la que la profunda singularidad de la especie humana es más evidente que nunca. De la misma manera que cada uno tiene una cara, unos ojos, unas huellas dactilares y un olor propios, así sucede con la genética, el metabolismo, el sistema nervioso, la flora intestinal y los órganos internos. Los cuerpos humanos no tienen por qué necesitar la misma alimentación.

La pediatra Clara Davis inició su célebre estudio en 1928, primero con tres niños, Donald, Earl y Abraham. En el transcurso de los años, este número se incrementó en doce individuos más. Las edades de los niños estaban comprendidas entre los seis y los once meses, y todos ellos tenían algún problema médico o nutricional. Hasta entonces los habían alimentado únicamente con leche, de modo que carecían de otras asociaciones o deseos relacionados con el gusto. A algunos ya les habían ofrecido diferentes alimentos, pero los habían rechazado. Así dio comienzo un experimento de alimentación que sigue pregonándose hoy en día. Se ofrecía a los niños treinta y dos alimentos distintos en cada comida. Había diez clases de verduras, junto con manzanas, melocotones, plátanos, piña tropical, harina de maíz, cebada, avena, trigo, pollo, huevos, abadejo, leche dulce y agria, carne cruda y cocinada, sesos, hígado, riñones, mollejas y tuétano. No era lo que se dice una alimentación para bebés. Los platos no contenían sal, pero se ponía sal marina en un platillo aparte, al alcance del niño. Ninguno comía del mismo modo, ni imitaba lo que los demás habían elegido. Cada alimento estaba en su propio plato y se encontraba delante del niño. Quien haya dado de comer a bebés habrá observado cómo arrugan la nariz y sacuden la cabeza al notar el olor de la cuchara que se cierne ante ellos, o bien abren la boca si les parece aceptable. Davis nos dice que «las cuidadoras tenían órdenes de permanecer sentadas con la cuchara en la mano y no hacer ningún movimiento». Las combinaciones de alimentos eran extrañas, como lo eran las horas a las que los bebés deseaban algunos de ellos. Earl había llegado patizambo y afectado de raquitismo a causa de una deficiencia de vitamina D. Aparte de los demás alimentos, le ofrecieron aceite de hígado de bacalao. Tomó aquel aceite, que despedía un olor extraño, de forma intermitente durante tres meses, hasta que se curó, y a partir de entonces no volvió a hacerlo. Los niños cambiaban mucho de dieta, incluso de una manera frenética. Algunos de ellos seguían lo que el personal llamaba «rachas» –rachas de carne, de leche o de huevos–, y entonces pasaban a otra cosa. El pediatra que los atendía afirmaba que eran «el mejor grupo de especímenes» que jamás había visto en niños de su edad.

El ecólogo del comportamiento Fred Provenza ha investigado por qué los seres humanos prefieren comer lo que es nocivo para ellos y evitan lo que es bueno. Sus estudios sobre herbívoros en hábitats naturales muestran las mismas características que los niños de Clara Davis. En las tierras vírgenes, especies idénticas en una sola manada buscan alimento de un modo distinto, según su conocimiento innato de los nutrientes necesarios para su bienestar. Ratas con diabetes inducida en el laboratorio adoptarán una dieta rica en proteínas, si tienen la posibilidad, y eliminarán los síntomas de la diabetes. Naturalmente, a ninguno de los niños participantes en el estudio de nutrición se les ofreció caramelos, pan blanco, comida basura o refrescos. Hoy los alimentos azucarados y ultraprocesados pueden adquirirse libremente, y tres cuartas partes de la población de Estados Unidos tiene exceso de peso o es obesa, como les ocurre a mil millones de personas en todo el mundo.

Los fabricantes de alimentos y los químicos «sensoriales» saben lo que sucede en la lengua y el paladar, las respuestas olfativas que experimenta la boca y sus efectos en el cerebro y en nuestra sensación de bienestar. Muchos de los sabores que hoy consume la gente son sintéticos, producidos a base de ésteres, cetonas, pirazinas, alcohol y compuestos fenólicos. Abre el tarro de mermelada que guardas en la alacena, y es muy probable que te salude el olor del metilfenilglicidato de etilo. Los científicos organolépticos estudian de qué manera el olor, el sabor, el color y la sensación en la boca afectan a nuestros órganos sensoriales. Las papilas gustativas fueron *biohackeadas* décadas atrás. Nos convertimos en hámsteres culinarios en la rueda de los alimentos de supermercado. Relucientes postres infestados de grasa, kétchups azucarados y tentempiés salados que erosionan el corazón explotan nuestros apetitos innatos, que están ahí para protegernos, no para matarnos. La alfabetización nutricional se redujo a los sabores intensos: salado, graso y dulce. Durante el 99,5 % del tiempo que los seres humanos llevan viviendo en el planeta, la grasa, el azúcar y la sal han sido difíciles de obtener. Hasta que se domesticaron las abejas, los leñadores de los países eslavos que hendían la corteza de un árbol con su hacha y sacaban la hoja goteando miel de una colmena silvestre podían considerarse hombres ricos. La sal escaseaba tierra adentro. La grasa procedía de los animales. Nuestros apetitos están enraizados en siglos de escasez desde el remoto pasado. Lo saben bien las multinacionales de la alimentación, que dependen de ello. Los alimentos ultraprocesados se han diseñado para tentar, atraer y provocar adicción a fin de obtener beneficios. Su personal químico fabrica alimentos cada vez más deseables: Doritos, Big Macs y Oreos (ahora se venden unos cereales Oreo para el desayuno de los niños). Más del 70 % de la dieta estadounidense se compone de alimentos ultraprocesados, entre ellos alimentos *naturales* como las hamburguesas veganas, las barritas de proteínas y la leche de avena. El consumo de alimentos ultraprocesados se vincula directamente con la depresión, la demencia, la diabetes, la hipertensión, la apoplejía, la obesidad y el cáncer. Nuestro gusto y nuestro extraordinario olfato no son juguetes con los que entretenerse. Nuestros sentidos dan *sentido* al mundo. La comida basura y la industria alimentaria contemporánea hacen que esta inteligencia carezca de sentido. Los alimentos y el sabor ya no se relacionan con el flujo del carbono, sino con el flujo del dinero.

En cuanto a los alimentos, fuimos depredadores mucho antes que consumidores. Conseguíamos el alimento que queríamos, ya fuese un pepino silvestre, una almeja o un cangrejo de río. El cuerpo humano está diseñado para hacerse un experto en obtener energía del mundo vivo: animales, hongos o vegetales. La velocidad, la destreza, los dientes, las mandíbulas, el olor y el oído han sido nuestros guardaespaldas y nos han permitido alimentarnos y reproducirnos. Según el doctor Chris van Tulleken, autor de *La epidemia de los ultraprocesados*, la industria alimentaria ha cambiado el guion. Somos presas. Nuestros hijos son presas. Los embriones son presas. La industria alimentaria es la depredadora.

Debido a un error de traducción de un informe alemán de 1901, existe el mito de que notamos sabores diferentes en distintas partes de la lengua. El lector puede probar por sí mismo que no es cierto. Cada papila gustativa reconoce toda la gama de sabores. Durante cien años el mundo aceptó una teoría del gusto según la cual experimentamos los dulces en la punta de la lengua, los alimentos amargos en la parte posterior y los salados y agrios a izquierda y derecha, a pesar de que ni un solo ser humano ha experimentado tal cosa. Ese proyectil vibrante, húmedo, reptiliano que tenemos en la boca es una extensión directa de millones de años de evolución y aprendizaje. El sabor y el olor son la manera que tiene el cuerpo de detectar lo bueno y lo tóxico. Son la expresión principal de cómo el sistema inmune decide qué puedes asimilar y qué deberías rechazar. Cuando elegimos los alimentos que comemos, o bien mejoramos el mundo o bien lo empeoramos, sostenemos la vida o la deshonramos, favorecemos nuestra salud o la deterioramos. Lo que comemos y su cultivo afectan de un modo significativo al clima y al calentamiento global; su impacto es mayor que el de todos los automóviles, barcos, aviones, camiones y ferrocarriles juntos. La industria alimentaria degrada gravemente la biodiversidad, los océanos, los ríos, los polinizadores, las praderas y la salud de los animales.

El gusto es sensible. Al besar notamos un aroma y un sabor. Desde el punto de vista del cuerpo, es una avalancha de información. Saboreamos a una persona amiga o amante y decidimos al instante si lo haremos de nuevo. Una frambuesa es objeto de esa misma intimidad. Una buena comida intercambia fluidos corporales preciosos con hierbas, especias, granos, raíces, semillas, carnes y aceites. Al masticar, la lengua y sus diez mil papilas gustativas evalúan centenares de millones de moléculas, las clasifican, prueban y sondean, como un portero asegurándose de que el alimento está en la lista de invitados. Bajo el microscopio, las papilas gustativas tienen un aspecto fantasmagórico, como criaturas de un paisaje del Bosco. Los receptores fungiformes parecen agrupaciones de setas venenosas; las papilas gustativas filiformes dan la impresión de pandillas de encapuchados agitando sus cabezas puntiagudas. Las papilas foliadas se extienden por el paladar como canales en un desierto. Si solo existiera una docena de sabores, el alimento no nos interesaría mucho. Nos aburriríamos, comeríamos pienso para gatos, y eso sería todo. El sabor y el olfato crean mosaicos de experiencias que buscamos con la lengua y la boca. Tápate bien la nariz, da un sorbo de un gran burdeos, y verás como deja de ser Cenicienta para transformarse en una bruja.

La nariz es la clave del sabor. Los seres humanos podemos detectar más de un billón de estímulos olfativos. La creencia generalizada de que disponemos de un sentido del olfato mediocre procede de una teoría decimonónica que se ha mantenido como un mal sarpullido a pesar de no tener ningún fundamento. Nuestras capacidades olfativas sobrepasan a las de perros y lobos. Los cánidos son sensibles a aromas específicos que los alertan de la presencia de alimento, sexo y peligro, pero los seres humanos poseemos una mayor capacidad y necesidad de percibir olfativamente el mundo que nos rodea. Se ha demostrado que las personas con un «supersentido del olfato» pueden detectar la enfermedad de Parkinson en otra persona a varios metros de distancia, y, que se sepa, todavía no existe ninguna prueba bioquímica de ello. Nuestra elección de pareja está fuertemente influida por el aroma. Hoy en día nuestra capacidad olfativa puede verse eclipsada por la contaminación, la monotonía de los alimentos y la congestión nasal causada por alergias.

Veamos una vez más algunos de los alimentos que se cultivaron primero en las Américas: cacao, tomates, aguacates, pimientos, guindillas, cacahuetes, anacardos, girasol, cártamo, vainilla, piña tropical, papaya, arándanos, fresas, fruta de la pasión, pacanas, melones, pepinos, calabazas, nueces, calabacines, arándanos rojos, garrofón, alubias rojas, alubias pintas.

¿Tiene cualquiera de ellos el mismo sabor para ti? Si saboreas uno y después otro al azar, las posibilidades de combinar sus sabores se elevan a 33 554 432. Ninguno de nosotros detecta el aroma y el sabor de la misma manera, y en la naturaleza ningún sabor se repite exactamente, ya se trate de una calabaza, una pera o una semilla de amapola. Decir que solo percibimos cinco sabores elimina la complejidad del alimento. Lo que saboreamos siempre es distinto, como ocurre con cada bocado de un alimento natural. Los alimentos industriales están diseñados cuidadosamente para que sean uniformes, para que sepan igual en todo el mundo. El Departamento de Agricultura de Estados Unidos monitoriza ciento cincuenta componentes nutricionales. Sin embargo, nuestros alimentos contienen más de veintiséis mil sustancias bioquímicas y fitonutrientes distintos.

Se ha creado una base de datos pública llamada Iniciativa de la Tabla Periódica de los Alimentos para satisfacer la necesidad de disponer de más información sobre la química alimentaria. Se centra en las enfermedades y las defunciones relacionadas con la dieta, así como en los sistemas de agricultura que producen alimentos empobrecidos. Sus descubrimientos resultan sorprendentes. Por ejemplo, en el brócoli existen cerca de diez mil sustancias bioquímicas, y casi la misma cantidad en el kale. Sin embargo, el solapamiento es inferior al 10 %. Necesitamos averiguar qué hacen en nuestro cuerpo los otros nueve mil nutrientes. Esta nueva era podría transformar nuestra comprensión de la salud y la nutrición.

El aroma es liberado por la interacción de moléculas y agua, en este caso, la saliva. La saliva contiene ácidos, enzimas, electrolitos, proteínas y colesterol, que interactúan con el alimento y modifican su química. Cuando estamos enamorados o cuando somos presa del miedo, nuestro gusto varía. Si padecemos fiebre, nuestra saliva puede retroceder a la que teníamos con un año de edad, cuando la amilasa, la enzima necesaria para descomponer carbohidratos complejos, era escasa o inexistente. Un trozo de pan nos sabrá a cartón. El cuerpo se centra en las bacterias o los virus que lo invaden, no en las enzimas. Hubo una época en la que las madres preparaban juiciosamente tostadas empapadas en leche para sus hijos enfermos. El proceso de tostar convierte los carbohidratos en dextrosa fácilmente digerible, mientras que la lactosa de la leche es nuestro primer alimento. Cuando sufrimos una deficiencia vitamínica o de minerales, tenemos antojos. Si una persona experimenta un deseo intenso de ingerir azúcar, una buena cantidad de verdura cocinada parece reducirlo o detenerlo. Algunas papilas gustativas permanecen con nosotros veinticuatro horas y luego desaparecen. Otras son sustituidas cada semana o cada diez días. Después de ayunar durante una semana, es como si nunca hubieses probado la comida, un borrón y cuenta nueva biológico para las renovadas papilas gustativas. Hay superestrellas del mundo de los sabores, chefs capaces de tomar un sorbo de bullabesa y decirte cuándo se capturó el mújol, la denominación del viñedo, si se han usado mandarinas o naranjas Navel para la ralladura de naranja, la variedad del tomate, si el azafrán es de Irán o de Azerbaiyán, si el aceite de oliva es virgen extra o solo virgen, y si las aceitunas son arbequinas o cornicabras.

La extraordinaria sensibilidad de estos expertos pavimenta sendas culinarias para futuros viajeros. Redactan recetas como los poetas escriben versos, y acudimos a sus teatros de la restauración para embelesarnos.

En ocasiones sucumbimos a las modas y nos obligamos a comer ciertas cosas porque nos dicen que son buenas para la salud, aunque su sabor deje bastante que desear. El kale crudo y cocinado es un buen ejemplo. Unos análisis realizados recientemente muestran que el kale que se vende en el mercado presenta un exceso de metales pesados. El kale crudo contiene goitrógenos que suprimen las hormonas tiroideas al inhibir la absorción de yodo. Los granjeros evitan alimentar con kale a vacas y ovejas porque puede causarles envenenamiento por oxalato, cólicos, diarrea y anemia. Tal vez el gesto de arrugar la nariz la primera vez que te acercaste al kale no estuviera desencaminado.

Las mitocondrias, enclaves primordiales de las bacterias basadas en el carbono, proporcionan energía a las células del cuerpo. Al comer, alimentamos a antiguas formas de vida que se unieron a nosotros hace 1450 millones de años. Cuando recuperamos y experimentamos nuestro gusto auténtico, cuando tenemos *buen* gusto, esta comunidad de células humanas y no humanas nos guía. Cultivamos nuestra vida –incluido nuestro segundo cerebro, en los intestinos– de la misma manera que un agricultor juicioso cultiva y alimenta la vida en el suelo, el mundo subterráneo de las plantas. La buena noticia es que tú no estás realmente al mando. Existe un asombroso flujo de energía entre enzimas basadas en el carbono, glóbulos sanguíneos, neuronas, ondulantes papilas gustativas, antígenos y centenares de otros procesos. El flujo del carbono es la vida que sientes y experimentas. Podemos poner nombres a cuanto hay y sucede en nuestro organismo, podemos estudiarlo y analizarlo. Sin embargo, si pudiéramos comprender una fracción de lo que está sucediendo en nuestro cuerpo, su complejidad e inteligencia, nos daríamos cuenta de que nos hallamos en presencia de un misterio. Richard Buckminster Fuller observó que la Tierra está tan bien diseñada que no nos percatamos de que en realidad nos encontramos a bordo de una nave espacial. Del mismo modo, nuestro cuerpo está tan bien diseñado que no nos percatamos de que estamos en un cuerpo.

Una nueva generación de agricultores, cocineros, panaderos y fabricantes nos proporciona placer, restaura nuestras papilas gustativas y regenera la tierra con su infatigable y mal remunerado trabajo. Revertir el calentamiento global requiere que cambiemos los alimentos que ingerimos, su lugar de procedencia y la manera en que se cultivan. La restauración de los polinizadores y del suelo depende de que cambiemos el modo de cultivar la tierra. En Estados Unidos, donde el 73 % de los alimentos a la venta son ultraprocesados y en absoluto saludables, ha surgido un estimulante movimiento que se dedica a recuperar las tierras de cultivo, las áreas locales, el clima, la cultura y las costumbres alimentarias. Dejaré para los historiadores culturales la explicación de por qué hemos permitido que nuestra biología acabe en manos de Tyson Foods y Kraft Heinz. El congresista Earl Blumenauer es conciso: «Pagamos demasiado a las personas equivocadas para que cultiven los alimentos equivocados de la manera equivocada en los lugares equivocados». Si queremos recuperar la propiedad y responsabilidad de nuestra salud y la integridad biológica de nuestra tierra, debemos rescatar nuestras bocas y papilas gustativas de quienes las usan exclusivamente para acumular capital financiero, y devolverlas a aquellos que crean nuestro capital biológico, alejándonos de quienes nos roban el futuro para ir al encuentro de los sanadores del presente. Confiemos en las personas que, en palabras de Adrienne Rich, custodian un universo de humildad y humus para un mundo con el paladar hastiado por culpa de lo mucho que se ha perdido; que comprenden que sin nuestras granjas, sin nuestra exquisita conexión con los dientes de león y la miel de cardo, las empanadillas y las semillas de herencia, las cuencas hidrográficas y el suelo, viviremos en un mundo, como dice Rich, «sin memoria, fidelidad ni propósito para el porvenir, y que no honrará el pasado».

Capítulo 6

Ensalada de azúcar

La industria alimentaria, que no presta ninguna atención a la salud, alimenta a la gente, mientras que la industria sanitaria, que no presta ninguna atención a los alimentos, la trata.

WENDELL BERRY

Cuanto tenía seis meses, me volví asmático. Los médicos del Hospital Mills de San Mateo, en California, dijeron que era el caso más temprano que habían conocido. La situación era delicada. Jadeaba, me costaba respirar y de vez en cuando, cuando adquiría una tonalidad azulada, me llevaban apresuradamente al hospital para que me suministrasen oxígeno. A los catorce meses permanecí seis semanas preso en una tienda de oxígeno sin que a mis familiares les estuviera permitido visitarme. Me dieron el alta no porque mi condición hubiera cambiado, sino porque necesitaban la tienda de oxígeno para otro paciente. Nada de lo que los médicos me recomendaban durante mi infancia se aproximaba a un remedio o una cura. Más adelante, cuando empezaron a hablarme a mí en vez de dirigirse a mis padres, me dijeron que el asma era incurable y genética, y que tendría que aprender a vivir con ella. Uno de los médicos sugirió que una posible causa era la relación con mi madre. Otro propuso que llevara una mascarilla protectora y no saliera de casa, porque solo podía respirar aire filtrado. Había consenso en que debía evitar el exterior en primavera. Tras numerosas pruebas, llegaron a la conclusión de que mi cuerpo era alérgico a más de cuarenta sustancias corrientes. ¿La solución paliativa? Me recetaron un fármaco, aminofilina efedrina, que es un estimulante (en realidad, un narcótico), el mismo ingrediente que se encuentra en las fórmulas con efedra para reducir peso que se prohibieron en el 2004.

Hacía deporte y, para seguir respirando, tomaba píldoras como si fuesen caramelos, el triple de la dosis máxima diaria recomendada. Durante una década estuve drogado en la pista de baloncesto, hasta que por casualidad leí un libro. El autor carecía de tacto: «Si usted está enfermo, es culpa suya». ¿Qué había hecho yo en mi infancia? Llevaba años escuchando la enrevesada jerga de los médicos, vocabularios que me demostraban lo inteligentes que eran y lo poco que yo sabía, y cómo mi enfermedad «incurable» era mucho más complicada de lo que yo podía comprender. A medida que avanzaba en la lectura me quedaba cada vez más claro que el autor pretendía hacerme ver que no debía ser una víctima. Mi enfermedad era responsabilidad mía y de nadie más.

No tenía nada que perder, dado el resultado de mis tratamientos médicos, así que intenté solucionar el problema por mi cuenta. El libro recomendaba una singular y rápida comida hipoalergénica: arroz masticado hasta que tuviera consistencia de baba y una infusión hecha con hojas desmenuzadas de la planta *Camellia sinensis*. Eso era todo, una crepuscular región gustativa de dos sabores. Al octavo día me desperté con una sensación desconocida. Por primera vez noté aire en las profundidades de mis pulmones. No había sibilancias, obstrucción ni sonido alguno. En aquel entonces tenía diecinueve años. Mi médico no mostró sorpresa y restó importancia a lo sucedido, considerándolo una anomalía o un efecto placebo. El arroz y la infusión no le interesaban. En aquella época, las facultades de Medicina no incluían en sus cursos ninguna asignatura de nutrición. En la actualidad, veinticinco millones de estadounidenses padecen asma y, para ser justos, hay que decir que en gran parte se debe a la contaminación atmosférica, no a las alergias innatas. Sin embargo, las facultades de Medicina siguen sin establecer un vínculo entre los alimentos y las vías respiratorias inflamadas. También yo lo ignoraba. ¿Por qué no podía comer lo mismo que los demás? ¿Por qué mi comida favorita me causaba inflamación? Y, lo que es más, ¿qué eran los alimentos?

En los meses siguientes fui añadiendo, de uno en uno, distintos elementos al menú, para observar su efecto en mi cuerpo. Si te ciñes a una dieta espartana (en mi caso, arroz, infusión y verduras), notas de inmediato la diferencia cuando le añades un solo ingrediente más: azúcar, leche, cerveza, hamburguesa, pan, café, queso, patatas fritas, zumo de naranja, huevos, beicon, tomate, mantequilla, helado, patatas chips y Coca-Cola. No es que yo no quisiera tomar esos alimentos. Por el contrario, los anhelaba. Sin embargo, si comes a diario combinaciones de ellos, como hace la mayoría de la gente, establecer la correlación entre cómo te sientes, duermes o piensas y cualquiera de los alimentos que consumes constituye un reto. Podrías engordar o padecer pie de atleta, dolor de cabeza, artritis o soriasis, y no recibir nunca información de que lo que te aqueja tal vez esté relacionado con lo que comes y bebes. Al experimentar la alimentación de esta manera, eliminaba un elemento tras otro porque no me sentaban bien. Recurrí a cereales integrales, semillas (arroz, trigo y avena), nueces, alubias, verduras, fruta, especias, huevos y pescado. Dejé de comprar en los supermercados y empecé a frecuentar los mercados de agricultores.

La gente me preguntaba cómo podía someterme a una dieta tan restrictiva. No obstante, la dieta estadounidense estándar es más reducida que la que yo practicaba: consiste sobre todo en trigo, maíz y arroz. El 90 % de las verduras consumidas son patatas, tomates, cebollas, lechuga y zanahorias. Las pautas dietéticas del Departamento de Agricultura de Estados Unidos adoptan una postura liberal sobre lo que constituye una verdura: a las patatas fritas y al kétchup los consideran dos verduras. Existen millares de otros alimentos que los seres humanos han ingerido durante milenios, alimentos que, en general, los occidentales no conocen, ven, tocan, cultivan ni comen. No solo hemos domesticado a las abejas, las vacas, los cerdos, las gallinas y las ovejas, sino que parece como si incluso nos hubiéramos domesticado a nosotros mismos.

Hoy se investiga y se conoce mucho más sobre nutrición que en las décadas anteriores. Con todo, la dieta estadounidense ha empeorado: en su mayor parte consiste en alimentos alterados químicamente que contienen cosas tan poco saludables como grasas, almidones, azúcar, sal y aromas artificiales. Lo que llamamos «alimento» casi nunca lo es. Se han elaborado con sustancias que jamás formaron parte de la cadena alimentaria: azúcares invertidos; almidones modificados; aceites refinados, blanqueados y desodorizados hasta convertirlos en un lubricante; y aislados de proteína hidrolizada. El grueso de las calorías procede de cultivos básicos de maíz, soja y trigo. Según el doctor Chris van Tulleken, nuestros alimentos «son un conjunto de mejunjes a base de moléculas a las que nuestros sentidos nunca han estado expuestos: emulsionantes sintéticos, endulzantes de bajas calorías, resinas estabilizantes, humectantes, compuestos aromáticos, tintes, estabilizantes del color, agentes gasificantes, agentes que proporcionan firmeza y volumen y agentes que impiden el aumento de volumen». Más que «elaborados», han sido diseñados. Hoy nuestro organismo contiene sustancias químicas que a lo largo de dos millones de años nunca habían estado presentes en el cuerpo humano.

Si miras las noticias por cable, observarás que casi todos los anuncios son de medicamentos para tratar enfermedades degenerativas: diabetes, cáncer, hipertensión, apoplejía, osteoporosis, artritis, depresión y demencia. La mayoría de la sociedad estadounidense tiene mala salud. El 75 % de los jóvenes entre dieciocho y veinticuatro años no son aptos para el servicio militar. El 42 % de los adultos son obesos. La esperanza de vida de los habitantes de Virginia Occidental es la misma que la de Siria. En Misisipi es más baja que en Bangladés. Adrian Wooldridge señala que unos Estados Unidos enfermos no tardarán en ser incapaces de competir económicamente con China o de defenderse, lo cual es resultado del sistema alimentario industrial. Además del cuerpo, la agricultura industrial y las grandes empresas de la alimentación están degradando la tierra de cultivo, contaminando pozos y ríos, exterminando a los polinizadores, talando bosques, drenando humedales, envenenando a los trabajadores agrícolas y causando un daño irreparable al futuro de los niños. En esencia, estamos comiendo explotación, y lo que comemos es adictivo.

La industria de los alimentos procesados no lo ve de la misma manera. Una vez el director de sostenibilidad de McDonald's solicitó entrevistarme. Vino a mi despacho, y le mostré cinco listados distintos de ingredientes y le pregunté si podía identificar los alimentos correspondientes. Mi petición le dejó perplejo, pero lo intentó y finalmente me confesó que no tenía ni idea. Le expliqué que cada uno de ellos figuraba en el menú de McDonald's y le pedí que lo intentara de nuevo. Examinó las listas, pero negó con la cabeza. Entonces le mostré cuatro cuadros nutricionales, según lo que exige la Administración de Alimentos y Medicamentos, en los que figuraban los gramos de carbohidratos, proteínas, azúcar, grasas, fibra, sodio, colesterol y total de calorías. «¿Qué cuadro corresponde a la hamburguesa de queso doble y cuál a la ensalada McDonald's?», le pregunté. Se quedó pensativo y replicó que la pregunta era capciosa. Quise saber por qué lo creía así. «Porque es probable que el alimento con más calorías sea la ensalada, no la hamburguesa de queso.» Exacto. Eran las mil cuatrocientas calorías de la ensalada de *azúcar*. Unos años después, McDonald's eliminó la ensalada para reducir «ligeramente» los costes.

La existencia humana es un flujo de carbono, desde el alimento hasta la respiración, el ritmo de la energía capturada y liberada por la química gregaria del carbono. Los fotones crean azúcar en las ondeantes hojas de las plantas que alimentan a los seres humanos, los animales, los insectos, los hongos, los microbios y el suelo. El cuerpo recibe un flujo diario de nutrientes que proporcionan energía a las células. Cuando separamos los componentes del alimento (glucosa, polisacáridos, creatina, caseína, glicina, grasas omega-3, vitamina K, etcétera), estamos perdidos. La comprensión nutricional de los componentes alimenticios esenciales es correcta, pero no es nutrición si añadimos conceptualmente decenas de componentes a una dieta saludable utilizando suplementos, bebidas verdes o aditivos alimentarios. El enfoque adictivo del gusto y la sensación en la boca ha producido una industria monstruosa para personas que padecen obesidad y enfermedades metabólicas. Podríamos considerarlo una colusión de la industria de los alimentos procesados y la industria farmacéutica. Se calcula que los beneficios de la industria de reducción de peso en todo el mundo ascienden a 377 000 millones de dólares. Amazon vende más de sesenta mil libros distintos sobre dietética. Los beneficios de la industria de los suplementos supera los 150 000 millones. Esto no es un flujo de carbono, sino una maraña de confusión. A las personas con exceso de peso se las hace sentir culpables, si no avergonzadas. Los consumidores viven en un sistema alimenticio diseñado para producir hiperconsumo. Nuestra dieta ha cambiado más en los últimos ciento cuarenta años que en el millón de años anterior. Como dijo Michael Pollan, nuestros alimentos se han convertido en «sucedáneos de comida».

Estados Unidos gasta anualmente 4,5 billones, el 20 % del total de la actividad económica, en un sistema sanitario colapsado. Lo que me curó el asma no fueron el arroz y las infusiones. Mi cuerpo sanó gracias a lo que no comía. Eric Roston describe cómo los seres humanos se infligen daño a sí mismos y a otras formas de vida: «Hoy vivimos con demasiada frecuencia como si la humanidad –o nuestro país, o nosotros mismos– fuese el centro de todo. Podemos hacer lo que nos venga en gana sin preocuparnos por las consecuencias para la naturaleza». La industria de la comida rápida invierte más de cinco mil millones de dólares en convencer a jóvenes y niños para que alimenten a unos deseos adictivos, no a sus cuerpos. Llegará un día en que esto se verá como lo que es: un delito contra la humanidad.

El mundo viviente reúne moléculas que quieren estar juntas. A esto se le llama «química verde», término acuñado por John Warner y Paul Anastas. Se trata de la química del planeta desde que comenzó la vida. Los alimentos nutritivos no requieren imposición, aditivos ni químicos alimentarios. Durante nueve mil años, los agricultores de las Américas cruzaron y reprodujeron miles de variedades de maíz. El maíz divergía enormemente y era muy nutritivo.

Hoy el maíz se produce en extensos monocultivos cuyas instalaciones agrícolas son mayores que ciudades pequeñas. Más del 90 % del maíz producido está genéticamente modificado para que resista a los herbicidas. Entre sus usos figuran pienso para cerdos y vacas, edulcorantes baratos para refrescos, combustible para vehículos (etanol), materia prima para la fabricación de plásticos y almidón procesado para nachos.

La cultura maya fue una de las civilizaciones más sofisticadas del mundo, con un conocimiento ilustrado de la nutrición. El mexicano medio toma 487 latas de Coca-Cola al año, cifra que se ha duplicado en los últimos diez años. Uno de cada seis mexicanos padece diabetes, la principal causa de muerte del país. El sexagésimo segundo presidente del país fue el presidente de la división mexicana de Coca-Cola. Diversos alimentos y variedades locales crearon la compleja cultura de México. Despojado de sus alimentos nativos, el país se vio inundado por un maíz estéril de bajo coste, cultivado industrialmente, debido al Acuerdo de Libre Comercio de América del Norte (NAFTA). Dos millones de cultivadores de maíz tradicional quebraron.

El doctor Weston Price fue un dentista de Cleveland que, en la década de 1930, recorrió el mundo en busca de personas que no estuvieran acosadas por la caries y otras enfermedades dentales. En el prefacio de su clásico *Nutrition and Physical Degeneration* [Nutrición y degeneración física], Price señala que toda su formación médica se centró en la patología. Para descubrir qué era lo que procuraba el bienestar físico, visitó pueblos aislados de Suiza y de las islas Hébridas Exteriores, así como a inuits del Ártico canadiense, tribus africanas, descendientes de los mayas en Sudamérica, aborígenes de Australia y maoríes de Nueva Zelanda. Su exploración reveló que los nativos de esas culturas, cuando pasaron de los alimentos tradicionales a los procesados, desarrollaron caries dental, estrechamiento de las estructuras facial y pélvica, dientes desalineados y enfermedades crónicas. En cada lugar visitado tomaba muestras de alimentos tradicionales y analizaba sus perfiles nutritivos, lo cual le permitió demostrar que eran entre cuatro y diez veces superiores en minerales esenciales y vitaminas que la comida estadounidense. Su esposa tomaba fotografías de los rostros y las estructuras óseas saludables de los hombres y mujeres que se alimentaban al modo tradicional, en vivo contraste con la fisionomía de los niños cuyos padres ingerían alimentos procesados occidentales.

Hace diez mil años, los pueblos indígenas de las Américas empezaron a cocinar el maíz en una solución alcalina de agua y cal, un proceso llamado «nixtamalización». La preparación alcalina del maíz libera niacina y calcio mientras se ablanda el grano, lo que permite obtener la masa que es la base de las tortillas, las tostadas y los tamales. Sin este proceso, las culturas dependientes del maíz padecerían pelagra, una enfermedad caracterizada por diarrea, demencia y dermatitis. ¿Cómo evitaban las culturas antiguas una deficiencia cuya causa, desconocida para ellas, era la falta de niacina? Debían de existir una investigación y un desarrollo rigurosos. La gente examinó, probó, saboreó, cocinó, asó, secó y fermentó alimentos locales en una miríada de formas durante miles de años. Estas culturas experimentaban y refinaban sus dietas cuando París, Londres y Berlín aún no existían.

El historiador John Mohawk, miembro del pueblo seneca nacido en el clan de la Tortuga, describe la isla Tortuga precolombina (Estados Unidos y Canadá) como un continente donde centenares de tribus y naciones residían en biorregiones, aprendiendo a vivir y prosperar con las plantas y los animales locales a lo largo de centenares de generaciones. Que a la isla Tortuga se la llame el Nuevo Mundo evidencia el engaño generalizado de los colonos. Según Mohawk, esas culturas no se basaban en el dinero, y los alimentos nunca se vendían. Mohawk describió una cultura en la que «se vigila todo lo que te puede suceder. Si no creces bien en la infancia, lo advierten. Si te alimentan de cierta manera y no prosperas, lo advierten. Si te alimentan de otra manera y sí prosperas, lo advierten. Prueban todas las posibilidades que tienen a mano; están motivados para vigilar y ver qué alimentos ayudan más a la gente. No qué alimentos ayudan a la gente a ganar dinero, sino cuáles tienen el impacto biológico más beneficioso, sobre todo en los jóvenes y los ancianos».

Los senecas viven en el oeste y el centro del estado de Nueva York, donde hay otras tribus y clanes. Antes eran jardineros, agricultores y horticultores. Mohawk recuerda por lo menos veinte variedades de maíz y decenas de tipos de calabaza, alubias y verduras. Las verduras que comían eran silvestres, recogidas en los bosques y los prados. A su alrededor había moras, arándanos, grosellas, zumaque de asta de ciervo, bayas de saúco, manzanas silvestres, cerezas negras, frutas, nueces blancas, castañas, hicoria ovada, nueces negras, pacanas, avellanas, bellotas, pollos de bosque, rebozuelos, maitake, melena de león, hongos polvera, rosa silvestre, diente de león, podofilo, ajos silvestres, aves de corral, pavo, truchas de arroyo, esturión, surubíes, lucioperca, lubina blanca y dorada, palomas, pichones, ciervo y alce. «El único beneficio que interesaba a los senecas era la salud de la gente. El único. La salud de los pequeños, los de edad mediana y los ancianos; el caso es que siempre piensan en la salud.» Para las culturas tribales de todo el mundo, la tarea era sencilla. Cuando una sociedad es responsable de su salud, vigilará lo que come y consume, sobre todo cuando el alimento se considera merecedor de reverencia, respeto y gratitud.

Durante centenares de milenios, el *Homo sapiens* llevó a cabo un continuo proceso de selección de plantas: cuáles eran alimenticias, cuáles medicinales y cuáles tóxicas. Los nativos norteamericanos conocían desde tiempos remotos las plantas medicinales de su tierra, desde la raíz de oso y la equinácea hasta la hierba sello de oro y el ginseng americano. Los colonos no respetaron la magnitud de su inteligencia botánica.

Debido a las enfermedades, la brutalidad y el desarraigo, gran parte de los conocimientos que atesoraban los nativos se destruyeron y posiblemente se hayan perdido para siempre. Se cree que la población aborigen de Australia oscilaba entre setecientos cincuenta mil y un millón y medio de individuos antes de la llegada de los colonos. Cien años después rondaba los cien mil. No obstante, el conocimiento ecológico se está recuperando. En Australia, la etnobotánica Beth Gott colabora con el pueblo koori para crear un huerto aborigen en la Universidad de Monash, donde crecen ciento cincuenta plantas comestibles, desde el soporífero cardo de duna hasta la abundante margarita murnong. Gott y sus alumnos catalogaron más de mil especies que formaban parte del «alimento de matorral» de los aborígenes.

En el lugar donde vivo, perteneciente a la California septentrional, los miwok locales comían guillomos, agracejos, fresas, bayas de toyon o acebo de California, bayas del arbusto de crema *(Holodiscus discolor)*, ciruelas, cerezas, grosellas espinosas, escaramujos, bayas de saúco azules, bayas de bola de nieve, arándanos y uvas. En cuanto a los frutos secos, optaban por avellanas, nueces y piñones. Las raíces incluían cebollas, jengibre, lilios en racimo, tuli-

panes nativos, camasias, fritilarias, perejil del desierto, onagras o prímulas, y espadañas. Las verduras eran flores de
mono, salvia, clavo, violetas, orejas de mula, árbol de Judas
y flores de álamo negro. Se cosechaban guisantes y hierbas
silvestres por sus semillas. Las infusiones eran de lilas, con-
suelda y abeto, endulzadas con jarabe de arce procedente
de árboles de hoja grande. En los ríos capturaban salmón,
trucha y lamprea. No había rastro de obesidad, asma, car-
diopatías, demencia, Alzheimer, soriasis ni de diabetes de
tipo 1 o 2. Ninguno de nosotros puede comer ya de esa
manera, pero sí tomar ciertas decisiones. Más de ciento sesenta países han optado por la prohibición del pan, el maíz,
los caramelos, el vacuno, el cerdo y otros alimentos procedentes de Estados Unidos porque contienen ingredientes
considerados tóxicos.

Tal vez el libro más persuasivo y elocuente sobre el sustento sea *Nutrirse*, del científico Fred Provenza, que se ha
ocupado de los animales, tanto silvestres como domesticados. Como demostró el estudio sobre alimentación de
Clara Davis, los animales saben intrínsecamente qué deben
comer. O, en el caso del animal humano, lo sabía. Estamos
abrumados por mercachifles, anuncios publicitarios, grandes empresas, académicos y mitos. Provenza escribe: «Nadie
tiene que decirle a una planta silvestre, una bacteria, un insecto, un pez, un pájaro o un mamífero cómo debe autome-
dicarse para superar una enfermedad, o cómo desarrollarse
y reproducirse. Es irónico que ahora ciertas "autoridades"
tengan que decirle a la gente qué es lo que deben y no deben comer. ¿Carecen los seres humanos de la habilidad para
identificar y elegir alimentos nutritivos, o esa habilidad les
ha sido secuestrada?». La crisis climática no está ahí arriba,
en el cielo, sino aquí abajo, en los platos de comida, los envases de la comida para llevar, las ventanillas de autoservi-

cio, los suelos desnaturalizados y los espacios confinados en los que se alimenta al ganado, los pollos y los cerdos. La crisis es un resultado directo de lo que elegimos para alimentarnos.

Capítulo 7

Bucky y Bing

Dios es un verbo, no un sustantivo.

RICHARD BUCKMINSTER FULLER

La nave espacial Tierra era una metáfora que el arquitecto e ingeniero Richard Buckminster Fuller empleaba para orientar la actividad humana. Una larga travesía por el espacio requeriría mantenimiento, cooperación, trabajo en equipo, ecuanimidad y una profunda comprensión de los sistemas de apoyo vital. La nave planetaria en la que vivimos ha sido diseñada con gran ingenio. Los pasajeros no se percatan de que están volando a más de un millón y medio de kilómetros por hora a través del espacio sin cinturones de seguridad, en compartimentos amplios y provistos de una comida deliciosa. La nave espacial dispone de instrucciones de funcionamiento y directrices esenciales, como que todo el mundo forma parte de la tripulación; no se debe envenenar el agua, el suelo ni el aire, y hay que asegurarse de que la nave espacial no esté demasiado abarrotada de pasajeros. Y una regla importante: no hay que tocar el termostato.

Utilicé la metáfora de Buckminster Fuller en un taller para los directivos de una empresa química de fama mundial que se enorgullecía de sus millares de productos, en particular de su muy rentable arsenal de herbicidas y pesticidas químicos. El grupo se dividía en cinco equipos, y la tarea consistía en pasar el día diseñando una nave espacial en la que ellos y las generaciones futuras pudieran vivir durante cien años antes de regresar a la Tierra. Podía ser tan grande como quisieran y recibir luz, siempre y cuando no arrojasen ningún desperdicio al espacio. Al final de la jornada, los equipos se mostraron unos a otros los diseños que habían proyectado. Entonces votaron la mejor nave espacial para realizar la travesía. Hubo un ganador indiscutible. En vez de incorporar ingentes cantidades de diversión digital, la nave espacial vencedora, llamada *Génesis*, estaba poblada por artistas, cantantes, bailarines, dramaturgos, actores y poetas. La tripulación y los pasajeros eran de numerosas nacionalidades, tradiciones y orígenes étnicos. Los otros cuatro equipos se habían centrado en la ciencia sin mencionar el arte, la tradición o la diversidad.

La población de la nave espacial *Génesis* se había escogido con la esperanza de que pudiera desarrollar una cultura que durase cien años, lo que requería una justa y equitativa distribución de los recursos. *Génesis* decidió no admitir ninguno de los productos que fabricaba su empresa, pues no podían reciclarse y todos eran demasiado tóxicos en un sistema cerrado. Cuando se le preguntó por los pesticidas, la gallina de los huevos de oro de la empresa, el equipo explicó que los insectos son esenciales para mantener un ecosistema sano. ¿Y los herbicidas? Tampoco podían usarlos, porque los «hierbajos» alimentan la fertilidad del suelo y a los polinizadores. Poco después, el equipo ganador instaló un huerto orgánico en un terreno de la empresa, y tres de sus miembros renunciaron a sus cargos. En la nave espacial Tierra de hoy, el 1 % de la población posee y controla casi la mitad de toda la riqueza planetaria, los recursos, la energía, los alimentos y la tierra. La mitad de la población controla el 1 % de la tierra y sus recursos.

La cúpula geodésica de Buckminster Fuller, su diseño más famoso, se inspiró en el agua. Cuando servía como alférez en un barco de socorro, Fuller se situaba en la popa y contemplaba la estela, preguntándose por qué las burbujas eran redondas. Resulta que una burbuja puede resistir la carga más grande y contener el mayor espacio posible empleando menos material que cualquier otra estructura. Una cúpula geodésica se puede construir rápidamente con componentes prefabricados, y el área de su superficie es un 30 % inferior a la de un edificio convencional, lo cual reduce la energía necesaria para calentarla y enfriarla. A lo largo y ancho del mundo se han construido decenas de millares como viviendas, invernaderos, teatros, biomas (como parte del Proyecto Edén en el Reino Unido) o estaciones de radar resistentes al viento (en el Ártico), por no mencionar el museo de Salvador Dalí en España y un hotel ecológico en la Patagonia chilena. La cúpula geodésica más grande, de 216 metros de diámetro, rodea el estadio de los Hawks de Fukuoka, un equipo de béisbol japonés.

En vida de Fuller existían tres formas conocidas de carbono puro: el grafito, el diamante y el carbono amorfo, conocido como «hollín» o «carbón». Cuando tocas la superficie del grafito, estás acariciando un millón de laminillas apiladas, suaves como la seda, de carbono puro del grosor de un átomo; cada capa es un despliegue hexagonal de átomos. El carbono de un diamante, por su parte, se dispone en estructuras cristalinas tridimensionales. En 1985, unos científicos descubrieron una cuarta configuración del carbono: partículas que miden menos de una milmillonésima de metro. El hallazgo dio nacimiento al campo de la nanotecnología, cuyo objetivo es manipular materiales a una escala atómica. Imagina un transistor del tamaño de una molécula.

El descubrimiento se produjo cuando seis científicos, encabezados por Harold Kroto, Richard Smalley y Robert Curl, estudiaban cadenas de carbono molecular utilizando espectroscopios ópticos, que analizan la intensidad de la luz sobre el espectro electromagnético. Un prisma suspendido en una ventana divide la luz solar blanca en un arcoíris. De manera similar, un espectroscopio escinde la radiación entrante y puede determinar la composición, densidad y temperatura de un objeto astronómico mediante el análisis de las longitudes de onda. Cada molécula tiene una frecuencia característica; si fuese audible, incluso podríamos decir que tiene un sonido peculiar. Los científicos dirigieron sus espectrómetros a nubes de gas interestelar creadas por estrellas moribundas y descubrieron cadenas desconocidas de moléculas de carbono. Curl propuso replicar las condiciones que estaban midiendo a años luz de distancia utilizando el láser pulsado de la Universidad de Rice, en Texas. El láser vaporizaba átomos de grafito a temperaturas similares a las encontradas en estrellas rojas moribundas.

El grafito se transformó en plasma, un gas ionizado caliente que despoja a los electrones de sus átomos. A ochenta kilómetros de altura, la atmósfera terrestre pasa de gas a plasma, cosa que se observa a veces, cuando partículas cargadas de la radiación solar entrante crean cortinas ondulantes de fluorescencia, conocidas como «auroras boreales». Aunque en la Tierra es infrecuente, el 99 % del universo está hecho de plasma. Es la nave nodriza de las otras tres formas de la materia: gaseosa, líquida y sólida. Cuando el plasma ionizado se enfría, regresa a un estado sólido en el que los átomos de carbono se organizan y combinan. Por medio de sus espectrómetros, los científicos encontraron una profusión de moléculas de carbono que contenían sesenta átomos. Esta molécula, conocida como C_{60}, jamás se había imaginado. ¿Cómo estaba estructurada? ¿Qué aspecto tenía? Los científicos se preguntaban perplejos cómo era posible que sesenta átomos de carbono pudieran organizarse en una macromolécula estable. Smalley jugueteó con unas tijeras y cinta adhesiva para confeccionar esferas de sesenta átomos de carbono en forma de cúpula. Sabían que el carbono se dispone en hexágonos y pentágonos, por lo que Kroto sugirió que combinaran ambas formas, porque cierta vez había elaborado de ese modo una estrella navideña para sus hijos. Esto resolvió el rompecabezas: una jaula esférica con treinta y dos facetas, doce pentágonos y veinte hexágonos. Era una molécula hueca, la molécula más simétrica y estéticamente hermosa conocida. Los físicos llamaron a la nueva configuración «fullereno», o «buckybola», debido a la similitud con las cúpulas geodésicas de Buckminster Fuller.

Ese hallazgo de 1985 cautivó a químicos de todo el mundo. Era como descubrir un planeta oculto detrás de Júpiter. El carbono es, de lejos, el elemento más estudiado, analizado e investigado en física y química, puesto que constituye la base de la vida y de la mayor parte de los materiales presentes en la Tierra. Tras aquel acontecimiento de 1985, hubo que tirar a la basura los manuales de química. No existían tres estructuras básicas de carbono, sino cuatro. Smalley llamó al descubrimiento «la Navidad de un químico». Comparó su importancia con el descubrimiento, en 1825, del anillo de benceno con seis átomos de carbono, un hidrocarbono tóxico que se convertiría en la base de la mayor parte de las sustancias químicas sintéticas que se fabrican actualmente. Y, tal como se había vaticinado, los fullerenos propiciaron una avalancha de invenciones y usos potenciales. La estructura esférica no se disuelve en agua y puede desplazarse por el cuerpo para efectuar descargas controladas de medicamento en lugares específicos. Los fullerenos pueden emplearse para la transferencia de genes, pues permiten colocar y empalmar ADN foráneo en grupos particulares de células. Como agentes antivíricos, transportan enzimas de proteasa para detener la réplica del virus de inmunodeficiencia humana (VIH), lo cual retrasa a su vez la aparición del sida. Derivados del fullereno inhiben el virus de la hepatitis C. Una forma de «buckybola» con marca registrada y soluble en agua, que recibe el nombre de «esponja radical», es muy eficaz para proteger la piel de los radicales libres emitidos por la radiación ultravioleta y figura en la composición de ciertos protectores solares de venta libre. Y los fullerenos están considerados los antioxidantes más potentes del mundo, superando con creces a los arándanos y la cúrcuma. Un estudio del 2012 demostró que la longevidad de unas ratas alimentadas con aceite de oliva que contenía C_{60} casi se duplicaba, debido presumiblemente a la reducción del estrés oxidativo asociado a la vejez (la prueba no ha sido repetida).

Numerosas investigaciones revelaron variaciones de fullerenos que contenían de 28 a 108 átomos. En 1991, un científico japonés descubrió los nanotubos, unas láminas de carbono alargadas y dispuestas en forma tubular, con ambos extremos tapados como una cápsula de gelatina, de un nanómetro de diámetro. El cabello humano tiene de media una anchura de ochenta mil nanómetros. Estructuralmente, los nanotubos son cien veces más fuertes que el acero, cuyo peso es seis veces mayor. Hoy los nanotubos se fabrican a gran escala. Es una industria multimillonaria que ofrece propiedades de conductividad, refuerzo y liviandad a materiales muy diversos, como vidrio, amalgamas, sensores, semiconductores, aluminio, pinturas y cerámica. Decenas de industrias emplean nanotubos, entre ellas la aeroespacial, la biomédica y la electrónica, además de las que se dedican a la fabricación de turbinas de viento o de baterías y a la producción de energía solar. La integración de los nanotubos podría reducir el peso de los vehículos eléctricos hasta un 25 % en el caso de los automóviles y las motocicletas, así como garantizar un 30 % de incremento en su eficacia total. No solo permiten crear carrocerías más ligeras, sino que también reducen la resistencia a la rodadura de los neumáticos de caucho. Los nanotubos constituyen una tecnología revolucionaria, de las que solo aparecen una vez en el transcurso de una generación.

Sin embargo, a «nano» le acompaña un «no, no». Los nanotubos que se manufacturan y venden no suelen ser carbono puro, sino que contienen revestimientos de metal catalítico, como níquel, cobalto y molibdeno. Actualmente existen más de cincuenta mil configuraciones de nanotubos. Tienen diferentes dimensiones, propiedades y compuestos añadidos. La ligereza de su peso hace que sean invisibles y que puedan estar presentes en el aire sin ser detectados. Son inodoros, incoloros e insípidos, y no producen ninguna sensación táctil. Los nanotubos descaman los materiales compuestos que se intenta reforzar con ellos, de manera similar a lo que ocurre con las fibras de amianto, de modo que tienen un efecto potencialmente parecido en los pulmones humanos. Son más duraderos que cualquier pesticida, insolubles en agua y no biodegradables. Usar, limpiar y eliminar nanotubos manipulados puede ser nocivo para la salud humana y contaminar el medio ambiente. La inhalación de nanotubos y la exposición a ellos puede causar en los operarios hipertensión, enfisema, ataques cardíacos y trastornos renales. Su ingestión lleva aparejado el riesgo de cáncer, daños en el ADN, inflamaciones graves, debilitamiento de la membrana mitocondrial y aceleración de la muerte celular. La industria farmacéutica valora la tecnología de los nanotubos por su capacidad para penetrar en la piel e incluso en una sola célula, lo cual permite dirigir con precisión los fármacos a las zonas patológicas con escasos efectos secundarios. También significa que ciertas formas de nanotubos en el medio ambiente pueden penetrar en el cuerpo por contacto, es decir, los nanotubos pueden insertar compuestos metálicos o contaminantes directamente en la piel y los pulmones.

La ubicuidad y la biodisponibilidad de los nanotubos implican su avance por la escala alimentaria, como ocurre con el DDT y el glifosato. Los fabricantes limpian las instalaciones de producción con agua y ácidos vertidos en el sistema de drenaje. Una cosa es tener toxinas conocidas, como un litro de disolvente de pintura en el garaje, y otra tener por todas partes toxinas ubicuas, inconmensurables y longevas. El mayor fabricante mundial de nanotubos es una empresa mixta sinorrusa, y ni China ni Rusia son conocidas por implementar mediante regulaciones una vigorosa protección del medio ambiente. Es improbable que las dudas, las preocupaciones o los peligros citados frenen la explosión de la nanotecnología. Quien expresa mejor el optimismo de la ciencia es Mihail Roco, asesor principal de nanotecnología en la Fundación Nacional de Ciencias (NSF) de Estados Unidos: «Tenemos unas cien clases de átomos, y en estos momentos se usan con frecuencia entre veinte y veinticinco. Deberíamos poder utilizarlos todos en diversas configuraciones a nanoescala, explotando sus propiedades como deseemos». Es una clara muestra de las creencias enclaustradas y disociativas de la ciencia occidental.

¿Querría ver Buckminster Fuller la comercialización y distribución de fullerenos, buckybolas y nanotubos en la nave espacial? Se tiende a desestimar rápidamente estas cuestiones con garantías de que se pondrán en marcha precauciones de seguridad. El entusiasmo por los nanomateriales en las comunidades científicas y de ingeniería es vertiginoso y expansivo. Se llegó a construir un «nanocoche» con cuatro buckybolas por ruedas y unos pocos nanotubos por chasis. Carecía de volante, lo cual podría simbolizar involuntariamente el mundo de la nanotecnología. En torno a esta tecnología suele decirse que la ciencia puede, por primera vez, «domesticar» a los átomos. Las tentaciones son abrumadoras. Algunos científicos hablan incluso de fusionar la nanotecnología con la célula humana, como un orgánulo artificial similar a las mitocondrias.

El término *domesticar* significa «domar, dominar, someter». Existe un precedente, pues en 1828 la ciencia empezó a domesticar moléculas mediante química orgánica (el estudio de los compuestos que contienen carbono). El primer producto sintético fue la urea, que todavía se utiliza en fertilizantes, fármacos y plásticos. Ahora la escala de la química orgánica abarca unas 350 000 sustancias y mezclas químicas sintéticas. Se calcula que 220 000 millones de materiales químicamente activos se liberan cada año en el medio ambiente por parte de la agricultura industrial, la minería de los combustibles fósiles, el refinado de petróleo, la construcción, las empresas farmacéuticas y las fábricas. La composición de más de cincuenta mil sustancias químicas sigue siendo confidencial y no se ha revelado al público ni a los reguladores.

En la mayoría de los casos, las sustancias químicas emitidas se van acumulando en el transcurso de los años. Más de quinientas zonas muertas en lagos y océanos se deben a los vertidos agroquímicos. Carcinógenos, ignífugos, PFAS (sustancias perfluoroalquiladas y polifluoroalquiladas), PCB (policlorobifenilos), compuestos de metales pesados, disruptores endocrinos, ftalatos y glifosato se encuentran en los organismos de la mayoría de las personas que viven en la actualidad. Cuando empezaron a fabricarse y venderse en el mercado, se dijo de estas sustancias químicas que tenían importantes beneficios para la humanidad. Sin embargo, se ha demostrado que las garantías de seguridad concernientes a los nanotubos eran falsas. Las regulaciones gubernamentales no pueden seguir el ritmo de las sustancias químicas existentes. Por ejemplo, la Unión Europea prohíbe los ftalatos en el material para pavimentar, pero no en los envases de alimentos. En Estados Unidos pueden utilizarse en lápices labiales, pero no en los vasos de aprendizaje antiderrame que usan los niños. Según *The Guardian*, «los investigadores han vinculado los ftalatos con el asma, el trastorno de hiperactividad y déficit de atención, el cáncer de mama, la obesidad y la diabetes de tipo 2, el bajo cociente intelectual, los problemas de neurodesarrollo, los problemas de conducta, los trastornos del espectro autista, la alteración del desarrollo reproductor y los problemas de fertilidad masculina». Añádanse a la carga de trabajo del regulador unas cincuenta mil formas de nanotubos.

La producción anual de fullereno es relativamente pequeña en peso, pero no en número. Seis mil toneladas de producción anual suponen tres quintillones de fullerenos. ¿Qué es un quintillón? Pon treinta ceros detrás del tres. En el 2018, los doctores Rasel Das, Bey Fen Leo y Finbarr Murphy analizaron la literatura que examina las incertidumbres y los riesgos que plantean los fullerenos con respecto a uno de los campos en los que se aplican: la purificación del agua. Los nanotubos no tienen rival a la hora de eliminar la contaminación química y biológica, debido a su superficie relativamente grande y a su reactividad a las sustancias químicas. El problema es que los filtros liberan algunos nanotubos en aguas dulces y oceánicas. No es posible eliminarlos en los vertederos de las plantas de incineración de residuos. No se degradan, no se disuelven, son extraordinariamente fuertes, es decir, las mismas cualidades que los hacen valiosos también los convierten en nuevos habitantes permanentes del medio ambiente. Como sucede con el carbón vegetal y mineral, el petróleo y el gas, el atractivo del carbono para la humanidad es irresistible. Pero ¿sabemos lo que estamos haciendo con el carbono? O, por plantearlo de otro modo, ¿estamos colaborando o coaccionando? Cuando Fuller trabajaba en un problema, le gustaba decir que «si la solución no es bella, es errónea».

En los diez últimos años ha aparecido una novedosa tecnología del carbono que es del todo diferente. La inventó Liangbing (Bing) Hu. Nacido en una explotación agrícola de arroz y algodón en la provincia china de Hubei, Bing fue seleccionado para estudiar en la Escuela de Jóvenes Superdotados e ingresó en la universidad a los quince años. Se centró en la física, y su juvenil fascinación, tanto entonces como ahora, es la capacidad de la física para estudiar la materia a cualquier escala, lo que permite investigar, explorar y examinar todo tipo de materiales, desde las galaxias hasta las partículas subatómicas. Bing tenía veinte años cuando se doctoró en Nanotecnología por la UCLA e ingresó en Stanford para realizar el posdoctorado en Ciencia e Ingeniería de los Materiales.

Cuando uno habla con Bing y le escucha, se percata de que su manera de ver el mundo guarda similitudes con la de Buckminster Fuller. Pasé con este un breve período, y la característica principal de su mente era una inocencia deslumbrante. Bing observaba el mundo igual que Fuller observaba las burbujas. ¿Por qué la celulosa era tan fuerte? A fin de averiguarlo, descendió por la sima de la pequeñez.

Estudió con el microscopio electrónico las fibras celulósicas de la madera, y vio que estaban estructuradas de un modo similar al de los nanotubos y crecían en espiral hacia arriba en una sola dirección. Resulta que las fibras de celulosa son más fuertes que la fibra de carbono. La primera vez que nos vimos, Bing me demostró la fuerza de las fibras de celulosa. Rompió con facilidad un folio por la mitad, como lo haría cualquier niño. Tomó otro folio, lo sujetó por ambos extremos e intentó romperlo. Ni tú ni yo podemos hacerlo. Las fibras celulósicas son sencillas: largas cadenas de monómeros de glucosa, una molécula que puede enlazarse sin fin consigo misma, precisamente como ocurre con el carbono, pero diez mil veces menos costosa.

Bing sostenía que si fuera posible utilizar la fuerza de las nanofibras celulósicas en un trozo de madera especialmente tratada, se crearía un nuevo material cuyas propiedades rivalizarían con las del acero. En su laboratorio de la Universidad de Maryland, Bing y sus colegas empezaron a experimentar. Hirvieron madera con hidróxido de sodio para descomponer la lignina. La hirvieron de nuevo para eliminar la sustancia química y la prensaron en caliente a cien grados Celsius hasta reducirla a la quinta parte de su espesor. El hervor abrió espacios en el interior de la madera y permitió de este modo que la compresión enlazara unos con otros los átomos de hidrógeno presentes en las fibras celulósicas. El resultado fue lo que Bing llamó InventWood, una madera un 50 % más fuerte que el acero, seis veces menos pesada y la mitad de costosa. Es funcionalmente incombustible (por ser demasiado densa) y los insectos no pueden cebarse en ella debido a su dureza. Si se le da una estructura de panal, intercalando paneles de InventWood, se obtienen suelos tan resistentes e insonorizados como los de hormigón. Imagina un rascacielos de cincuenta pisos con la base de dieciséis metros cuadrados. El hormigón y el acero necesarios para construirlo pesarían aproximadamente 250 000 toneladas, lo que supondría tener que transportar 12 500 cargas de camión. Si se construyera con InventWood, el peso se reduciría a la vigésima parte. En un edificio de acero y hormigón convencional, la estructura de la primera planta soporta cuarenta y nueve plantas de acero y hormigón. Si las Torres Gemelas del World Trade Center hubiesen estado construidas con InventWood, no se habrían venido abajo. Se derrumbaron por su propio peso cuando el combustible ardiente del avión debilitó el acero de una sola planta.

El invento de Bing se puede moldear con una prensa caliente para que adquiera configuraciones diversas. Un Boeing 787 Dreamliner o un camión Ford F-150 fabricados con InventWood serían más ligeros, más baratos y más seguros. Un delgado panel de InventWood resistiría el impacto de una bala. Si se le infunde metacrilato de metilo, la madera se vuelve translúcida y puede sustituir al plástico o al vidrio en aplicaciones estructurales. La diferencia con el acero y el hormigón va más allá. El acero es responsable de aproximadamente el 8 % de las emisiones de gas de efecto invernadero globales, sin contar el impacto de transportarlo a los lugares donde se necesita. InventWood hace lo contrario: aísla el carbono. Puede fabricarse con diferentes tipos de árboles, aunque el sustrato ideal es el bambú, una gramínea. Para sustituir la mitad de la producción mundial de acero utilizando bambú como única fuente de material, habría que dedicar más de diez millones de hectáreas al cultivo de esa planta, lo que equivale a poco más del 50 % de las tierras de cultivo del estado de Nebraska y a menos del 0,001 % de las de todo el mundo. Esto aislaría anualmente 106 millones de toneladas de carbono y reemplazaría así 1700 millones de toneladas de emisiones anuales debidas a la fabricación del acero.

Estas cifras son estimaciones. Lo que no tiene nada de especulativo es la tecnología, su asequibilidad, su fuerza y su carácter práctico. La rapidez con la que pueda adoptarse y utilizarse está por determinar. Es una tecnología en la que vemos imaginación y genio práctico, muy similares a lo que la gente veía en Buckminster Fuller. El Departamento de Energía de Estados Unidos también la considera excelente. En noviembre del 2022 concedió a la empresa de Bing veinte millones de dólares para construir una fábrica piloto en Maryland. Lo que Bing imaginó y perfeccionó a lo largo de diez años de investigación es un mundo de carbono diferente, una era celulósica que reduce el impacto humano sobre el medio ambiente por un factor superior a tres mil, gracias a una forma totalmente novedosa de comprender el mundo vegetal.

Bing lleva tres años embarcado en un proyecto cuyo fin es explotar la naturaleza de las nanofibras celulósicas para la fabricación de baterías. En lugar de comprimir las fibras y establecer enlaces de hidrógeno, las separa. Vendrían a ser como sutiles filigranas de hebras de cabello minúsculas e invisibles, lo que permitiría el libre movimiento de los iones de litio. Dispondríamos de una batería más ligera encapsulada en InventWood.

Capítulo 8

Seres verdes

La naturaleza no necesita un hogar; es el hogar.

DAVID GEORGE HASKELL

Si examinaras una nueva planta cada día, tardarías mil doscientos años en verificar todas las especies de la Tierra. Por fin conocerías la *Rafflesia*, la flor que pesa nueve kilos y mide cuatro metros y medio de circunferencia; el gigantesco nenúfar boliviano, sobre el que un jugador de baloncesto de dos metros podría tenderse fácilmente para echarse la siesta, y la *Lomatia tasmanica*, todavía fijada a la planta antecesora, de la que es un clon y que tiene 135 000 años. Un momento culminante podría ser el encuentro con el elefantiásico baobab, que puede medir veintiséis metros de diámetro (imagina un árbol tan ancho como un edificio de ocho plantas tendido de costado); es tan voluminoso que algunos especímenes incluso se han ahuecado para convertirlos en prisiones, pubs o almacenes. El roble espinoso mediterráneo puede arder totalmente, ser devorado hasta reducirse a rastrojo y talado por el hacha, pero crece de nuevo para alimentar a las cabras, que comen sus hojas encaramadas a las elevadas ramas. Los tegumentos del árbol leguminoso llamado «tronador» *(Hura crepitans)* estallan con la intensidad de petardos, lanzando las semillas hasta noventa metros de altura. Una colonia de posidonia descubierta frente a la costa de Ibiza tiene una edad de casi doscientos mil años. Las plantas constituyen una medida de la biodiversidad, pero en el contexto del clima pocas veces se habla del reino vegetal al mismo nivel que de los molinos eólicos y los parques solares, el almacenamiento de baterías, los edificios ecológicos y los vehículos eléctricos. Sin embargo, las praderas, los bosques, las extensiones de posidonia, los arbustos, los musgos y las enredaderas comprenden el flujo más significativo de carbono del planeta, diez veces mayor que las emisiones debidas a los combustibles fósiles y a otras actividades humanas combinadas.

Las plantas y los animales se remontan a un mismo origen: células eucariotas que contienen un núcleo y una membrana esquelética. Ochocientos millones de años atrás, una rama de células eucariotas derivó en los animales, otra en las plantas y una tercera en los hongos. La mayor diferencia funcional entre las plantas y los animales es el movimiento. Las plantas son estacionarias, es decir, sésiles. Los animales se mueven por el aire, el agua y la tierra, es decir, son móviles. Las plantas no pueden huir corriendo de una amenaza. El mundo vegetal se estimó durante largo tiempo como inanimado. Las plantas no aúllan ni pían, no son carismáticas, carecen de personalidad y están fijadas a un determinado lugar. A pesar de que no gozan de la supuesta ventaja de ser un animal, o tal vez debido a la desventaja de ser estacionarias, las plantas desarrollaron veinte sentidos que perciben su entorno y reaccionan a él, frente a los cinco sentidos que poseen los animales. No necesitan ir a ninguna parte para comer porque ellas mismas fabrican su alimento con la luz, el aire, el suelo y el agua. Presentan una gran actividad sexual a distancia, cortesía de los polinizadores y el viento. Realizan funciones vitales modulares, descentralizadas, mientras que los animales perecen cuando sus órganos son atacados. Ninguna parte de una planta es esencial. Aunque las roan en su totalidad, la mayoría pueden regenerarse. Que las picoteen y mordisqueen puede volverlas más vigorosas, por eso las podamos. Mientras que plantar una garra, una cola o una oreja no tendrá ningún éxito, sí es posible crear una nueva planta a partir de un esqueje, una hoja o una raíz. Nosotros somos *individuos*, que significa «no divisibles». Las plantas comprenden colonias y sistemas que prosperan precisamente porque son divisibles. Esto no quiere decir que no puedan tocar, hablar, saborear, oír u oler. En absoluto.

Bodas, *bat mitzvahs*, fiestas latinas de los quince años y funerales estarían incompletos sin la presencia simbólica de lirios, rosas, peonías y margaritas. Las plantas han sido motivo de reverencia a lo largo de la historia humana. Se rendía culto a los árboles; el tabaco y la hierba dulce eran sagrados; la albahaca santa es lo que dice su nombre; se veneraba al peyote; y al maíz, la calabaza y las judías trepadoras se las exaltaba llamándolas las Tres Hermanas. Las enseñanzas, los mitos y las parábolas sobre la vida y el significado de las plantas menguaron en el siglo XX, posiblemente debido a la llegada de la biología vegetal. La ciencia de las plantas auguraba una extraordinaria exploración del mundo vegetal que daría lugar a nuevos vocablos como *criptobiosis*, *fitófilo* y *diplostémono*.

En 1913, el científico alemán Fritz Haber, mientras experimentaba con nitrógeno para conseguir mejores armas de gas mostaza destinadas a la guerra, encontró por casualidad un método para separar el nitrógeno atmosférico y obtener nitrato sintético. Tras este descubrimiento, Carl Bosch trabajó con Haber para desarrollar un método de alta presión capaz de producir grandes cantidades de fertilizante amoniacal. Por primera vez era posible añadir nitrógeno soluble a la capa superior del suelo. El proceso Haber-Bosch hizo que la producción se duplicara y triplicara. Gradualmente, el suelo sufrió un retroceso hasta convertirse en un medio químico para sostener los cultivos. Las creencias de que las plantas eran sagradas y debían reverenciarse y honrarse se dejaron de lado para favorecer su capacidad de crear riqueza. Las plantas podían manipularse como cualquier otro material industrial. Antes y después del advenimiento de los fertilizantes baratos, George Washington Carver y Luther Burbank, dos científicos de la agricultura, llevaron a cabo unas investigaciones innovadoras. Carver se centró en el abandono de los monocultivos de algodón en Misisipi y Alabama y la restauración de la diversidad y fertilidad del suelo, a fin de mejorar la salud de los vegetales y las personas. Burbank era un mago de la horticultura que creó ochocientas variedades y cepas de frutas, frutos secos, verduras, árboles y flores, mediante la repetición del mestizaje en su granja de Sebastopol, en California.

Burbank plantaba millares de vástagos de una sola variedad, en busca de variantes que mejorasen la producción, el sabor, el color y la fragancia. Una vez seleccionadas, las variantes deseables se sembraban y eran objeto de polinización cruzada, cosa que él mismo hacía meticulosamente a mano. Entre los frutos resultantes se contaban las deliciosas ciruelas Burbank, la nectarina Flaming Gold, los melocotones de hueso suelto y los castaños que producían cosechas en tres años en lugar de veinticinco. Creó una patata resistente a las plagas para evitar otra hambruna irlandesa. Hoy las patatas fritas de McDonald's son de la variedad Russet Burbank. Luther Burbank escribió una obra en ocho volúmenes sobre su tarea, *How Plants Are Trained to Work for Man* [Cómo se adiestra a las plantas de modo que trabajen para el hombre], en la que predecía el futuro de la agronomía.

En la actualidad, la modificación de las plantas está tan extendida que apenas reparamos en ella. Las plantas proporcionan alimento, se emplean en decoración, aportan fibra y madera. Monsanto desarrolló maíz y soja resistentes al glifosato bajo la rúbrica de Burbank, reestructurando la genética de la planta para servir a «la humanidad». Sin embargo, su verdadero propósito al remodelar los cultivos básicos era servir a Monsanto. La patente de su herbicida a base de glifosato había caducado y los márgenes de beneficio se estaban hundiendo. Monsanto modificó genéticamente maíz y soja para hacerlos compatibles con su glifosato genéticamente modificado. Era la primera vez que un herbicida no mataba la cosecha, sino solo las plantas competidoras llamadas «malas hierbas». Las semillas genéticamente modificadas y el herbicida eran inseparables. Un agricultor no podía comprar las semillas patentadas, tan solo una licencia, como si se tratara de un paquete de *software*. El acuerdo de la licencia prohibía a los cultivadores que siguieran la antigua práctica de plantar nuevamente semillas de sus propias cosechas. A los que se descubría plantando de nuevo semillas modificadas los demandaban, y muchos se vieron obligados a pagar por daños y perjuicios. Era un brillante y devastador ardid financiero. Hoy en día, el glifosato es el principal herbicida del mundo, y cada año se consumen aproximadamente 680 000 millones de kilos. Como es un pesticida soluble en agua, se extiende por el suelo y se encuentra a diario en vacas lecheras, polvo doméstico, agua potable, helados, tampones, cereales orgánicos, leones marinos, leche materna y el 75 % de la lluvia mundial.

Los árboles navideños, que antaño se usaban para celebrar el nacimiento de Jesús, se tiran a la basura después de las fiestas. Los cárteles sudamericanos de la droga producen rosas empapadas en pesticida para regalar el día de San Valentín, con la finalidad de blanquear dinero. Los científicos promueven la idea de que plantas y árboles deben «usarse como armas» para combatir el cambio climático. El biocombustible cultivado en plantaciones sustituirá al queroseno refinado como combustible de aeronaves. La soja genéticamente modificada será la materia prima del bioplástico, y la carne de laboratorio se producirá en imponentes depósitos de acero inoxidable. En Estados Unidos hay 107 instalaciones de procesamiento que secan y procesan madera para obtener anualmente once millones de toneladas de *pellets* para la industria de la energía «renovable», de acuerdo con la asombrosa proposición de que quemar árboles contribuye a frenar el cambio climático. Según Richard Mabey, escritor y contador de historias relacionadas con las plantas, estas «se han visto reducidas en gran parte a la condición de objetos útiles y decorativos. [...] Han llegado a verse como el mobiliario del planeta, necesario, útil, atractivo, pero que solo "está ahí", vegetando pasivamente. Desde luego, no se consideran seres en el mismo sentido que los animales».

Sin embargo, las plantas son sin duda seres, y muy pragmáticos, por cierto.

Las plantas han desarrollado unos métodos extraordinarios para saber lo que sucede a su alrededor. Las bacterias cuentan con unos mil genes y los hongos, con diez mil. Los seres humanos tenemos más o menos el mismo número que los ratones, unos veinticinco mil. Las plantas con flores pueden alcanzar las cuatrocientas mil expresiones genéticas. Esto no significa que las plantas sean más inteligentes, pero subraya una complejidad acumulativa que ha evolucionado a lo largo de 470 millones de años. Puesto que no se mueven, perciben el entorno de maneras novedosas. Hojas, tallos y agujas están cubiertas por sofisticadas redes de fotorreceptores interconectados que se ajustan para captar diferentes longitudes de onda de la luz. Los animales poseen cuatro tipos de fotorreceptores en los ojos; las plantas, trece, incluido uno que detecta la luz ultravioleta. Las plantas interpretan la cantidad, el color y la dirección de la luz para regular su fisiología, crecimiento y desarrollo. Los estomas de la epidermis foliar se abren al son del coro del alba y comienzan un intercambio de oxígeno por dióxido de carbono que durará todo el día. Si hace demasiado calor en las horas diurnas, los estomas se cierran para evitar la evaporación de agua, se reabren cuando hace más fresco y, por la noche, vuelven a contraerse. En esto apenas se diferencian de los seres humanos, que se levantan con la luz solar y se duermen cuando ha oscurecido. Si son atacadas por insectos, las plantas emiten unos compuestos volátiles que otras plantas detectan por el olor y el sabor. Las plantas tienen un higrómetro: la capacidad de las raíces para detectar y medir con precisión los niveles de humedad del suelo. Responden a señales táctiles, lo cual permite que las raíces y los tallos serpenteen entre los obstáculos. Las raíces de las plantas buscan fuentes de agua distantes y dirigen su crecimiento en consecuencia. Poseen un olfato perfecto para los nutrientes subterráneos, entre ellos nitrógeno, fósforo, calcio y oligoelementos. Alza la vista al dosel arbóreo de la selva tropical y verás a qué altura los árboles de una misma especie comparten la luz absteniéndose cuidadosamente de superponerse entre sí. Las plantas donan el 30 % de sus azúcares al suelo en el que crecen, nutriendo así a la comunidad de bacterias, protozoos, hongos, hormigas, lombrices de tierra e insectos que se alimentan de ellas. Cuando necesitan un mineral determinado, envían unas señales químicas específicas a hongos y bacterias, que liberan enzimáticamente minerales de la arena o de las rocas.

Tras la publicación de su controvertida teoría de la evolución en *El origen del hombre* y *El origen de las especies*, Charles Darwin se centró en las plantas, el suelo y los gusanos durante la segunda parte de su vida. En la década de 1850, Charles y su hijo Francis iniciaron una serie de experimentos relacionados con el movimiento de las plantas. Sus trabajos y conclusiones también fueron desdeñados por el estamento científico, cuyas críticas posteriormente se revelaron incorrectas. Los Darwin investigaron el comportamiento de las plantas utilizando un horario apropiado para un organismo que no puede moverse. Las plantas se balancean, giran, se extienden y se mueven lentamente con un propósito claro, visible para un observador paciente. El concienzudo Charles vio que era un movimiento deliberado, es decir, que por fuerza había una causa y un efecto, una llamada y una respuesta. Charles postuló que en los ápices radiculares sensoriales existe un centro de control «como el cerebro de un animal inferior». En el subsuelo hay un mundo que es más complejo que el que está por encima del suelo. Si arrancas una planta lo más lenta y suavemente posible, el número de raíces en tu mano será inferior a la milésima parte de las que quedan en el subsuelo. El botánico Howard Dittmer, en colaboración con un equipo de alumnos suyos, encontró 14 335 568 raíces y capilares de raíz en una sola planta de centeno de invierno. La superficie total del área de las raíces en el subsuelo era 130 veces mayor que la de las hojas y los tallos al aire libre. Es posible que los árboles gigantes *Dipterocarpus* de Borneo tengan varios centenares de millones de raíces, tal vez mil millones. Ciertos filamentos invisibles presentes en el suelo forman un órgano sensorial de la planta para el que carecemos de un término preciso. Las puntas de las raíces disciernen entre obstáculos duros y blandos, detectan y evitan la contaminación y conectan con las hifas de las redes de micelios, donde realizan un asombroso número de transacciones, trocando su carbono por minerales y nutrientes. No comprendemos de qué manera las raíces de las plantas procesan la información que reciben de la superficie y del subsuelo. Al contrario que los animales, carecen de cerebro, neuronas, sistema nervioso o emplazamiento físico de la inteligencia. El neurobiólogo de las plantas Stephen Mancuso cree que las explicaciones sobre el funcionamiento del cerebro son también válidas para las plantas. «La neurona no es una célula milagrosa, sino una célula común capaz de producir una señal eléctrica. En el caso de las plantas, casi cada célula puede hacer eso.» En los ápices de las raíces se desarrolla constantemente un proceso de toma de decisiones, pero ¿cómo se comunican?

Las raíces actúan como una red. ¿Se conectan anatómicamente, puesto que se trata de un único sistema de raíces que utiliza señales eléctricas? Las raíces emiten sonidos y unos chasquidos generados eléctricamente, pero algunos de esos sonidos guardan relación con el crecimiento de las células y podrían ser irrelevantes. Si Mancuso está en lo cierto, ¿podrían las plantas comportarse como una bandada de estorninos, que pintan el cielo con ondulantes formas líquidas antes de posarse para pasar la noche, en una sincronía aviar colectiva basada en reglas y señales sencillas? No hay un líder, un plan ni una dirección.

Los árboles intercambian información y nutrientes por medio de redes de hongos en áreas relativamente pequeñas. ¿Pueden comunicarse a una distancia de centenares de kilómetros? Es una conclusión tentadora. Los árboles se reproducen dispersando el material genético que contienen sus semillas maduras, como castañas, bellotas, vainas de *Cercis*, sámaras o helicópteros de arce, pelusa de álamo, amentos de sauce y cortezas espinosas. Su producción anual nutre a los ratones patiblancos, las ardillas grises, los pavos silvestres, los topillos de lomo rojo, los escarabajos de tierra, los pájaros, los ciervos, las hormigas, los cerdos y los grillos. Cada pocos años ocurre el fenómeno de la producción masiva de semillas, cuando los árboles de una misma especie producen y dejan caer simultáneamente una notable cantidad de semillas sobre una zona amplia. Los ciclos de este fenómeno varían según las especies y la geografía. En el 2018, una enorme cantidad de robles en Estados Unidos, desde New Hampshire hasta Georgia, dejaron caer simultáneamente millones de toneladas de bellotas, hasta diez mil de un solo árbol.

¿Cuál era la señal? ¿Cómo se coordinaban los árboles? Hay varias teorías sobre la producción masiva de semillas. Según una de ellas, obedece a la polinización eólica, que lleva a los árboles a reproducirse en exceso. El problema de esta teoría es que los árboles reaccionan a barlovento, donde no reciben polen. Una hipótesis convincente es que los árboles se coordinan a propósito para acuciar y saciar a los animales que se alimentan de lo que encuentran en el suelo, de manera que algunas de las nueces y bellotas restantes germinen. Pero, de ser sí, todavía queda por explicar esa coordinación. En los bosques de las tierras bajas de Borneo, los árboles del género dominante, *Dipterocarpus*, responden al fenómeno climático llamado El Niño, que augura sequía. Los bosques reaccionan produciendo deslumbrantes exhibiciones de color debidas a la floración de entre el 80 y el 90 % de los árboles. Un solo árbol puede tener hasta cuatro millones de flores. Estos fenómenos suelen ocurrir cada cuatro años y siembran el suelo del bosque de nueces y fruta madura. Las tribus que habitan el bosque esperan ansiosamente la llegada de esta temporada para hacerse con las nueces y con los jabalíes que se han alimentado de ellas hasta quedar saciados. Aunque las plantas responden a la amenaza de la sequía incrementando su producción floral, las especies *Dipterocarpus* colaboran simultáneamente a lo largo de extensiones que superan los ciento cincuenta millones de hectáreas. Los árboles se comunican, como lo demuestra la floración masiva inducida por El Niño. Cooperan como una comunidad, haciendo gala de una capacidad mucho más desarrollada en el mundo vegetal de lo que antes se creía.

¿Es posible que árboles y plantas escuchen de alguna manera que no los comprendemos? Puede parecer poco probable que las plantas tengan oído, pero su capacidad auditiva no es distinta de la nuestra. Todo sonido es vibratorio. Los animales pueden aplicar sus orejas al suelo y detectar movimientos y sonidos. Las plantas están ya en el suelo. ¿Qué hacen con esa información? Lo contrario de hablar es escuchar y responder. En el mundo animal, la vocalización adopta muchas formas. Ciertamente, el lenguaje trata de información, así como de supervivencia. Los seres humanos hablamos, charlamos y chismorreamos para compartir percepciones, aprender de los otros y reducir la incertidumbre. Para Steven Pinker, el lenguaje es «la joya de la corona de la cognición». Para los animales, es la corona misma. Los animales dependen de comprender y compartir información sobre lo que sucede a su alrededor. En 1649, René Descartes escribió que aquello que distingue a los seres humanos de las bestias es el lenguaje. Actualmente parece que el lenguaje y la comunicación cognitiva son comunes a todas las especies.

La creencia de que el lenguaje surgió *ex novo* de un solo género, el *Homo sapiens*, es una forma de excepcionalismo. El lenguaje evolucionó a lo largo de cientos de millones de años antes de que nosotros apareciéramos. Los canturreos, aullidos, gritos y cánticos de la ballena jorobada del Caribe pueden ser descifrados por otras ballenas en Irlanda. Los elefantes emiten un ruido sordo en frecuencias inaudibles pero significativas que puede oírse a más de nueve kilómetros de distancia. Los perritos de las praderas utilizan adjetivos y dialectos cuando advierten a su camarilla de depredadores. El sinsonte castaño tiene un repertorio de mil novecientas canciones con vocalizaciones que suenan como flautas y flautines. Los zorros gañen y vocalizan con un sonido fuerte y entrecortado, y lo hacen deliberadamente y con una finalidad. Los cuervos emiten un graznido gorgoteante para anunciar a otros cuervos su presencia pacífica en la vecindad. Los monos verdes emiten una llamada de alarma cuando ven una serpiente. Los ratones cantan con ultrasonidos para cortejar y advertir. Ciertas investigaciones han demostrado que los murciélagos se distinguen unos de otros por sus nombres individuales, ponen nombre a sus crías, discuten y se pelean por trozos de fruta. Un estudio reciente indica que el elefante dirige sus sonidos graves a individuos específicos, incluidos sus vástagos. Los seres vivos chillan, aúllan, se ríen por lo bajo, expresan emociones y maúllan.

Los científicos han rechazado en gran medida la idea de que las plantas tienen inteligencia debido a la falta de una *botanica lingua*. ¿Existe un lenguaje de las plantas? ¿Cómo podrían ser inteligentes si carecen del medio para transmitir el conocimiento? Según la definición original, *inteligencia* significa «elegir entre», es el proceso de tomar decisiones, una capacidad que posee todo el mundo viviente. La evolución no podría haberse producido sin la habilidad binaria de elegir, a menos que se crea que la vida es un acontecimiento azaroso. La comunidad vegetal toma continuamente decisiones y altera su comportamiento de un momento a otro para sobrevivir, si no para prosperar. Otra manera de considerarlo es plantearse cómo las 438 000 plantas diferentes que existen aprendieron a ser esa planta en concreto. Observa un prado o un terreno abandonado. ¿Acaso las especies de vegetación reunidas en ese lugar no son conscientes unas de otras? Parece improbable que no lo sean. ¿Cómo interactúan, se vinculan y aprenden las plantas? La posibilidad de que se comuniquen por medio del sonido es controvertida. Incluso la comunicación entre especies de animales e insectos se ha descartado, aunque los osos son extremadamente sensibles al significado de las estridulaciones que emiten los saltamontes y al del grito del halcón de cola roja cuando asciende y desciende. ¿Y qué hay de las plantas? Carecen de sistema nervioso, cerebro y sinapsis. Aunque los antropólogos y los etnógrafos han estudiado a pueblos indígenas que de forma creíble interactúan y hablan con las plantas, nunca se ha hecho un seguimiento riguroso, por la sencilla razón de que nos tomamos a nosotros mismos como punto de referencia para determinar lo que es posible o no, lo cual conduce a la incredulidad y el escepticismo.

La ecóloga marina Monica Gagliano fue una de las pioneras en investigar sistemáticamente la bioacústica vegetal, también conocida como «fitoacústica», que es el modo en que las plantas emiten sonido y responden a él. Monica ha escrito extensamente sobre la comunicación entre especies y la cognición de los vegetales. Su interés por la consciencia, la memoria y los procesos de aprendizaje propios de las plantas comenzaron por casualidad en el mar, cuando era una «rata de arrecife», término cariñoso aplicado a quienes pasan mucho tiempo bajo el agua en la Gran Barrera de Coral. Monica estaba investigando los procesos de toma de decisiones del pez damisela de Ambon, una especie de color amarillo brillante llamada así por la isla de las Molucas en la que se descubrió. El estudio se centraba en el modo en que las madres transmiten a sus alevines la consciencia de un entorno cambiante.

Gagliano visitó a diario el mismo banco de peces durante meses. Ellos la reconocían, se acurrucaban en su mano extendida y dejaban que los retuviera en el guante. Observaba las parejas reproductoras, los alevines y los rituales. Grababa sus cánticos amorosos, que sonaban como limpiaparabrisas sobre un cristal seco. Aparte del canturreo, la damisela de Ambon utiliza su vejiga natatoria para producir ligeros sonidos de percusión, chirridos y chasquidos que describen y orientan su comportamiento. Una vez finalizada la investigación, pidieron a Monica que matara a los peces, los diseccionara, extrajera sus órganos y los analizara: ¿cuál era su dieta, edad, tejido muscular y estado reproductivo? La mañana del que iba a ser el último día de vida de los peces, fue al arrecife para despedirse de ellos, pero no había un solo pez damisela a la vista. Quedó asombrada ante aquel arrecife fantasmal. Estaba convencida de que los peces lo sabían. El tiempo pasado juntos había roto un límite taxonómico. Se había producido una comunicación, y los peces habían llegado a conocerla y a confiar en ella, pero su mensaje final era la ausencia. Cuando regresó por la tarde, los peces estaban allí y les practicó la eutanasia. Aunque el comité ético de la universidad había aprobado la investigación, los peces le hicieron saber que ellos la rechazaban. Para ella fue traumático, y supo que ya no podría realizar esa clase de investigación científica. Incluso se planteó si quería seguir dedicándose a la ciencia.

Tras completar su informe, se retiró y pasó un tiempo en su jardín, un retiro que se convirtió en un punto de inflexión. Plantó guindillas, albahaca e hinojo, entre otros vegetales, conocedora de que la albahaca y la guindilla prosperan cuando están juntas. La albahaca retiene la humedad del suelo, actúa como un mantillo y exhala un insecticida que protege a la guindilla. El hinojo, por otra parte, es alelopático, emite sustancias en el aire y en el suelo que inhiben el crecimiento de las plantas vecinas. Los mensajes químicos entre plantas por encima y por debajo del suelo están bien documentados. Cuando una oruga mordisquea una hoja, la planta sintetiza sustancias químicas que alejan al depredador. Las sustancias químicas defensivas liberan en el aire penachos a los que las plantas cercanas reaccionan creando sus propias defensas. La variedad de los compuestos es extraordinaria, y cada molécula tiene un significado. Fred Provenza escribe: «El lenguaje de las plantas es química orgánica. Cada una de las cerca de cuatrocientas mil especies de plantas del planeta puede sintetizar cientos de miles de compuestos primarios y secundarios. [...] a partir de un *alfabeto* de tan solo veinte compuestos, las plantas pueden crear miles de millones de *palabras* diferentes, cambiando las cantidades relativas de compuestos diferentes y secundarios».

Para determinar si las señales de las plantas emplean otras vías, como el sonido, Monica aplicó a los estudios de las plantas los mismos protocolos de investigación que había empleado en sus muy alabados estudios marinos. Introdujo un tiesto con albahaca en un cilindro de plexiglás sellado y este lo colocó en el centro de una caja más grande. Rodeó el cilindro con un círculo de guindillas plantadas en tiestos. Las cajas de plexiglás impedían el contacto con sustancias químicas transportadas por el aire, esporas de hongos o raíces. No existía ninguna posibilidad de que una sola molécula pudiera ser intercambiada. Las plantas estaban aisladas, dentro de una caja externa de mayor tamaño conectada a una bomba de vacío. Los campos visuales de las plantas se habían bloqueado con láminas de plástico negro. El ritmo de germinación de las semillas de guindilla era notablemente mejor en presencia de una planta de albahaca en el centro que en su ausencia. De manera sorprendente, cuando se situaba en el centro una planta de hinojo, la guindilla germinaba más rápido, como si la amenaza representada por el hinojo espoleara su ciclo de crecimiento. Esto es algo que se observa en paisajes abiertos. Las plantas cooperarán, pero cuando se vean amenazadas por un competidor, cambiarán el ritmo y la extensión de su crecimiento. ¿Cómo podían saber las plantas de guindilla que su vecino era albahaca o hinojo? Al igual que con el pez damisela, la pregunta era: «¿Cómo lo saben?». En este caso, solo podía tratarse del sonido.

Es sabido que las plantas emiten y perciben señales acústicas ultrasónicas cuando se estresan. Si están deshidratadas, emiten un sonido específico. Si la deshidratación persiste, las señales de la planta se amplifican y se convierten en «gritos» ultrasónicos que van disminuyendo cuando se aproxima a la muerte. Cada planta y cada tipo de estrés se asocian a un sonido específico identificable. Los murciélagos, los ratones y los insectos pueden oír estos sonidos. Las puntas de las raíces de los plantones del maíz amarillo se orientan hacia el sonido grabado de agua, sin la presencia de agua real. ¿Cómo reconocen los ápices de las raíces del maíz un sonido beneficioso que nunca habían oído hasta ese momento? Las raíces del maíz emiten chirridos acústicos estructurados en forma de pulsos. Monica hace una observación vital: sus hallazgos no proporcionan una explicación mecanicista de cómo las semillas de la guindilla intercambian información con otras plantas, pero señalizan el camino. ¿Y qué mejor manera de charlar con tu vecino cuando os separan unos paneles de plexiglás oscuros, opacos y sellados que por medio del sonido? La capacidad de percibir el sonido y las vibraciones se encuentra detrás de la organización conductual de todos los organismos vivos y sus relaciones con el entorno. ¿Por qué las plantas habrían de ser una excepción al uso generalizado de la vocalización? La objeción evidente es que las plantas carecen de oídos. Sin embargo, los investigadores han descubierto que en las hojas poseen unos minúsculos cilios sensibles a los sonidos, igual que las células ciliadas presentes en el oído interno de los animales. Monica cree que «los seres humanos tienen un historial como silenciadores de aquellos cuyas voces no quieren oír. Hacemos esto ignorándolos a consciencia o despojándolos [...] de lo que hace posible el diálogo: el reconocimiento del otro como un igual». En su caso, el *establishment* botánico ha hecho exactamente eso, hasta el punto de abuchearla en sus conferencias. Zoë Schlanger apunta que solo los hombres protestan ruidosamente y la interrumpen. Sin embargo, esos mismos botánicos admiten sin tapujos que las onagras de playa incrementan su néctar cuando llevan tres minutos expuestas al sonido de una abeja zumbadora. Si la ciencia ha tratado a las plantas como objetos durante siglos, ¿por qué no iba a hacer lo mismo con una científica botánica?

El 80 % de la biomasa planetaria está formada por plantas, que utilizan la energía solar para transformar dióxido de carbono y agua en glucosa, la molécula de azúcar que mueve el mundo. La planta emplea la glucosa para desarrollar más raíces, hojas y tallos. A medida que se expande, se convierte en una factoría de glucosa. Las raíces aportan más agua y nutrientes, y el mayor número de hojas produce más glucosa. La capacidad de la planta para adaptarse, reproducirse y prosperar sobrepasa a la del reino animal. Los animales, sean grandes o pequeños, incluidos nosotros, dependemos totalmente de la glucosa producida por las plantas para nuestro sustento y nutrición. Si eliminásemos la glucosa de nuestra dieta, todos y cada uno de los órganos se deteriorarían y marchitarían. En su obra *Las devoradoras de luz*, Zoë Schlanger dice que «cada pensamiento que cruza por nuestra mente es posible gracias a las plantas. Esto es abrumadoramente literal. Toda la glucosa del mundo [...] la elaboran de la nada las plantas».

Durante largo tiempo, las plantas se han considerado grupos inanimados de tallos y hojas que transforman pasivamente la luz. La ciencia botánica está descubriendo un mundo extraordinariamente distinto. Las plantas poseen neurotransmisores y un sistema nervioso, pero carecen de un órgano central como el cerebro para coordinar o registrar los estímulos que reciben. Tal como Darwin predijo, las plantas se inclinan, rodean, viran, trepan y evitan, todo ello a propósito. Las células vegetales son capaces de contar. Las plantas tienen hormonas y las regulan. Las plantas hablan. Envían llamadas químicas de alarma a otras plantas para prevenir la depredación. Algunas de esas llamadas son privadas, solo se dirigen a su propia especie, mientras que otras son universales. Los alisos y los sauces vecinos charlan mediante sustancias químicas volátiles. ¿Por qué no habría de ser esto un lenguaje? Cuando tocas una hoja o un tallo, toda la planta es consciente y responde (no le gusta mucho la familiaridad, quizá para advertirse a sí misma de que puede ser comida). Uno sabe cuándo le pica un pie. La enredadera y los tomates son también conscientes, tal vez incluso más. Pero ¿de qué modo? Si se la toca de manera repetida y constante, la planta cambia su química y su estructura. ¿Cómo toma semejante decisión? ¿Qué es lo que saca una conclusión y decide en consecuencia? ¿Y si el mundo vegetal fuera más complejo que el humano? Hay botánicos que, por temor a la censura, formulan en privado una pregunta radical: ¿y si toda la planta fuera una clase de cerebro? ¿Y si conociera su entorno tan bien o mejor que un animal y se estuviera adaptando a él sin cesar? Los botánicos han desarrollado técnicas que muestran cómo el sistema nervioso de las plantas enteras responde a estímulos, lo mismo que nuestro cerebro. ¿Sería posible que el 80 % de la biomasa terrestre a la que llamamos «plantas» fuera consciente, una idea pasmosa para la ciencia moderna pero verdadera para la sabiduría ecológica tradicional? Recuerdo haber leído la descripción que hace Stefano Mancuso de la capacidad que tienen las plantas para percibir visualmente el movimiento a su alrededor. En el camino de mi casa a la carretera hay veintisiete secuoyas. Dos de las más antiguas tienen una circunferencia que supera los dos metros y medio y una altura de veinticinco metros. Estoy tan acostumbrado a estos árboles que casi nunca me fijo en ellos, pero un día fui consciente de que ellos sí reparan en mí. Este es el mundo que habitamos.

Nuestra relación con la biosfera determinará lo que le espera a la humanidad. Que cambiemos la tendencia, pasando de la patente degeneración a la regeneración ecológica, depende de nuestro conocimiento del mundo vegetal y del respeto que le tengamos. Tal vez «temor reverencial» sea el modo más adecuado de expresarlo. Las plantas representan el flujo de carbono más abundante y precioso de la Tierra, el punto de partida de la respiración y la vida. Podríamos preguntarnos qué es más importante para el planeta, si las plantas o los seres humanos. Si las plantas desaparecieran, nosotros también lo haríamos en cuestión de días. Por el contrario, si fuéramos nosotros los que nos extinguiéramos, las plantas prosperarían y los restos de nuestra civilización quedarían cubiertos por árboles, raíces y enredaderas. Nos gusta pensar que somos el organismo más importante del planeta, un engaño que deberíamos reconsiderar.

Capítulo 9

Un reino interconectado

Una espora cuyo momento ha llegado.

PETER MCCOY

A Toby Kiers le encantan los hongos. De niña jugaba al aire libre vestida con una bata blanca y volvía a casa ennegrecida como un minero de carbón, tras haberse tendido y apretado la nariz y las orejas contra el suelo. Los diversos aromas y olores de la tierra eran seductores, «una de las óperas más complejas a las que estamos expuestos los seres humanos». En su infancia creía que el suelo guardaba secretos. De estudiante y cuando ya era una investigadora, examinaba una metrópolis de dinámicas ocultas en el subsuelo. Veía los recursos de las plantas y los hongos escabulléndose en todas las direcciones y realizando interacciones a escala microscópica al menos tan complejas como las que los seres humanos llevan a cabo por encima del suelo. Eran redes micélicas, la matriz, nódulos infinitamente conectados que remodelan sin cesar el mundo viviente por encima y por debajo del suelo.

Las comunidades de hongos comen rocas, crean suelo, reciclan desechos y alteran las mentes. Todo cuanto vive está mezclado con hongos. Son los sanadores de la tierra, los metabolizadores y sustentadores de la vida. Devoran, descomponen, infunden e interactúan con el suelo, la atmósfera y las plantas. Los hongos son el tejido conectivo del planeta. Nos llevan mil millones de años de ventaja y están entrelazados con los tejidos de la totalidad de las plantas, raíces, árboles y animales, así como del suelo. Durante más de dos siglos, la micología ha sido una ciencia desatendida, y sigue siéndolo. Los hongos se consideraban plantas y patógenos, pero en 1969, cuando sus genes, su función y su metabolismo se comprendieron mejor, obtuvieron reconocimiento taxonómico. El ecólogo R. H. Whittaker los identificó como uno de los cinco reinos. Merlin Sheldrake sostiene que los hongos deberían considerarse propiamente un «reino interconectado»: la megaciencia, subestimada durante largo tiempo, que apuntala los otros cuatro reinos. En todo caso, los hongos están más cerca del reino animal que las plantas, aunque hay diferencias notorias. Los hongos digieren fuera de su cuerpo y entonces absorben los productos de la digestión. Imagínate poniendo tu cuerpo dentro de los alimentos que ingieres. La digestión externalizada descompone el mundo natural y redistribuye la energía y los nutrientes. En cierto sentido, los hongos desayunan muerte a fin de producir vida para cenar; son la tumba y la matriz de la vida. Un mensaje clave de este reino interconectado es el de que la muerte es el principio de la vida. Si no hubiera hongos, no existirían los ecosistemas, y tampoco pan, vino, yogur, cerveza, queso, chocolate ni psilocibina.

Toby se ha convertido en una renombrada bióloga evolutiva que investiga los hongos micorrícicos, que aportan nutrientes esenciales a cerca del 90 % de la vida vegetal terrestre. Los hongos micorrícicos exudan unos micelios ligeros y blancos que transforman la biología y la química de las plantas y el suelo en praderas, bosques y tierras de cultivo. El término *micorrícico* se refiere a la relación entre los hongos *(mico)* y el sistema de raíces de la planta *(rizoma)*.

Los micelios son filamentos vegetativos de hongos, blancos y viscosos, que permean los troncos en putrefacción o se encuentran debajo de las hojas húmedas y apelmazadas. Constituyen una red inconmensurable de cadenas que tienen el espesor de una pared celular y se ramifican sin cesar. Son vastas esteras subterráneas en contacto directo con el reino vegetal y el zoo de organismos que pueblan el suelo. Conocemos a los hongos principalmente como setas, los efímeros cuerpos fructificadores de los hongos subterráneos que emergen para liberar esporas en el aire. Ninguna otra especie de la Tierra las supera en fecundidad. Un cuesco grande de lobo, al reventar, emite una nubecilla turbia de hasta siete billones de esporas. Los micelios parásitos llamados «concha de artista», que crecen en el duramen de árboles vivos y muertos, pueden llegar a liberar treinta mil millones de esporas diarias durante meses. Los cuerpos fructificadores de los hongos, unos deliciosos y otros letales, aparecen cuando los micelios se estrujan y forman una plataforma gruesa y acolchada. Es su manera de reproducirse, y podríamos considerarlos flores de hongo. Respiramos esporas de hongo cada vez que inhalamos aire. Las esporas son barridas por vientos y tormentas y pueden desplazarse a través de los océanos. Algunas esporas se extinguen enseguida por falta de alimento. Se han encontrado esporas viables en núcleos de hielo de hace cuatro mil quinientos años. Los hongos micorrízicos que impregnan y nutren el suelo son hongos arbusculares que no liberan sus esporas a través de cuerpos fructíferos o moho.

El matrimonio de los hongos y las plantas tiene una larga historia. La asociación se inició hace casi mil millones de años, en el Cámbrico. En algún momento de ese período, las cianobacterias, más conocidas como «verdín», se deslizaron a la orilla y pusieron en marcha la evolución de las plantas que crecen en la tierra. Los hongos ya existían en el océano desde hacía setecientos millones de años por lo menos. Bajo chubascos de lluvia ácida, una mezcla de algas y hongos crearon una estera verde claro que se extendió por la tierra rocosa y yerma. Fue la precursora de las plantas terrestres. Las cianobacterias trajeron consigo un regalo del mar: podían fotosintetizar la luz y el dióxido de carbono para convertirlos en energía. Los hongos eran la pareja perfecta, pues podían disolver enzimáticamente las rocas y transformarlas así en los nutrientes necesarios para el crecimiento de las plantas. Las cianobacterias acarreadas por el océano proporcionan la mitad del oxígeno que hoy respiramos y constituyen la base de la cadena alimenticia oceánica, desde el delicado zooplancton hasta la ballena azul barbada, que pesa doscientas toneladas y consume quinientas mil calorías de un solo bocado de zooplancton. Con el transcurso del tiempo, una capa creciente de sedimento orgánico se depositó bajo una rudimentaria vida vegetal, un manto de minerales, carbono y microbios. Durante más de cincuenta millones de años, las primeras plantas, musgos y hepáticas, al carecer de hojas y raíces, dependían de los hongos como un sistema de raíces. Les siguieron la cola de caballo y los helechos, y a continuación los árboles, los bosques y, por último, las hierbas, que aparecieron hace cuarenta millones de años. Las semillas de las gramíneas –arroz, maíz y trigo– proporcionan el 60 % del consumo de calorías de la humanidad.

Debajo de un acre* característico de bosque existe una red micélica de casi cincuenta millones de kilómetros. Esto equivale aproximadamente a un kilómetro de filamentos en

* 0,405 hectáreas. (N. del T.)

un dedal de tierra. Los nódulos e interconexiones en la comunidad micélica exceden la complejidad de internet por un factor de varios centenares de billones. El hongo de miel, *Armillaria*, cubre diez kilómetros cuadrados del bosque nacional Malheur de Oregón, y se calcula que su edad oscila entre dos mil y ocho mil años. Si los hongos no consumieran lo que perece, los bosques estarían cubiertos por una montaña de troncos muertos. El suelo esponjoso del bosque se debe a una muerte y putrefacción orquestadas. Asear la casa es una de las funciones esenciales que los hongos llevan a cabo. Alimentar al mundo viviente es la otra.

Solo estamos empezando a comprender el impacto de los hongos micorrícicos en el suelo y en la vida vegetal. Cada planta es una peculiar manta de hongos: billones de compuestos producidos por los hongos que son fundamentales para la salud de la planta. Los micelios forman una funda alrededor de los sistemas de raíces. Además, diminutos filamentos de hifas penetran en las puntas de las raíces y proporcionan acceso directo al agua y a los minerales a cambio de azúcares y grasas creadas por la fotosíntesis de la planta. Los micelios precisan de la energía que aportan los azúcares y las grasas; las plantas, de nutrientes, nitrógeno, fósforo y minerales. Los crecientes ápices de las hifas actúan simbióticamente, en sincronía con las necesidades de toda la planta. Muchas plantas del desierto no existirían sin esas relaciones. En una era con temperaturas cada vez más altas y suelos secos, las relaciones micorrízicas serán cruciales para la supervivencia de las plantas. Los métodos agrícolas que practica en la actualidad la industria alimentaria destruyen los micelios con arados, labranza, herbicidas, fungicidas y pesticidas. La agricultura industrial reduce la resistencia de los cultivos, el consumo de nutrientes, la resistencia a la sequía y la densidad de los nutrientes. Los maizales de cultivo intensivo que producen jarabe de maíz, bioetanol y grano para granjas de engorde están en gran parte desprovistos de vida. La restauración de comunidades micorrízicas dañadas en terrenos deteriorados puede requerir años o décadas. Estamos yendo en la dirección equivocada.

Se calcula que el 90 % de los suelos del planeta estarán considerablemente degradados a mediados de siglo. Hasta una fecha reciente no se incluían en el currículum de las facultades de Agricultura ni la presencia ni el apoyo de las micorrizas. Sin embargo, los hongos determinan la salud del suelo y, por tanto, la de las plantas y la de todos los seres vivos que las consumen. El microbioma del suelo determina los nutrientes de las plantas que alimentan al microbioma humano. El suelo viviente es la fuente primaria de la nutrición. Esto es algo que jamás cambiará la agricultura química; lo único que puede hacer es degradar el proceso.

Si arrancas una planta, verás un reflejo asimétrico de la parte que está por encima del suelo. Cuando se añade la magnitud de los hongos interconectados, la capacidad de las raíces para absorber agua y nutrientes se multiplica por un factor de entre diez y un millar. Además, las redes micorrícicas mejoran la estructura del suelo, reducen la lixiviación de nutrientes, aumentan los rendimientos y amplían la disponibilidad de fósforo, nitrógeno y otros minerales para la planta. Los hongos no hacen esto por altruismo. Las relaciones entre plantas y hongos se basan en la oferta y la demanda; ambos intercambian lo que necesitan para prosperar.

En sus investigaciones, Kiers monitorizó la dinámica de los hongos fijando nanopartículas a distintas moléculas que emiten luz cuando reciben luz ultravioleta. Una vez en su lugar, se evidenció visualmente que se estaba desarrollando cierto tipo de comercio. Las estrategias comerciales entre plantas y hongos eran complejas y sofisticadas. Las decisiones y las tácticas eran de una complejidad extraordinaria. Una sola planta puede tener un millón de ápices radiculares conectados a las hifas micélicas y operando con independencia, pero no de manera autónoma. Según Kiers, las transacciones de los hongos son similares a las del mercado. Los hongos parecían seguir una estrategia de «comprar barato y vender caro» para almacenar fósforo cuando era abundante en una zona y proporcionárselo a las plantas cuando escaseaba, a cambio de mayores recompensas en carbono. Kiers realizó un experimento en el que puso las raíces pobres en fósforo en una zona cercana a las raíces bien nutridas. Cuando el micelio detectó la falta de fósforo en un grupo de raíces, lo traspasó a esa zona y recibió un pago más elevado en carbono. Si las plantas tenían fósforo en abundancia, los hongos aceptaban como pago unos niveles relativamente bajos de carbono. El tipo de cambio varía y lo calculan tanto la planta como el hongo, más o menos como sucede en un mercado de agricultores, cuando los vendedores rebajan los precios para no volver a casa con un montón de cajas de tomates.

Kiers fundó la Sociedad para la Protección de las Redes Subterráneas (SPUN) a fin de cartografiar la biodiversidad de las comunidades micorrízicas de la Tierra. La SPUN está movilizando a micólogos del mundo entero y trabajando con colaboradores locales para obtener muestras de suelo de toda clase de ecosistemas. El objetivo es inspeccionar, localizar e identificar los diversos dominios de los micelios y crear un atlas de hongos, a modo de guía de referencia biológica para asegurar su protección y continuidad. Los hongos, a diferencia de las plantas y los animales, no pueden trasladarse a otros suelos y ecosistemas. Son exclusivos del lugar donde se encuentran y cambian a medida que lo hace su entorno. Una investigación de la micóloga chilena Giuliana Furci demuestra que los hongos presentes en la corteza de un árbol de cuatrocientos años no son los mismos que se hallan en la corteza de otro de trescientos noventa. Según los micólogos de los Royal Botanic Gardens de Kew, en Inglaterra, se conoce menos del 10 % de las especies de hongos, lo cual arroja de 2,2 a 3,8 millones de especies por identificar, aproximadamente el 30 % de las especies de la Tierra. Kiers está cartografiando lo que se ha denominado la «materia oscura» de la vida en el planeta.

De acuerdo con un estudio reciente de Kiers y sus colegas revisado por pares, se estima que cada año las plantas canalizan hacia los micelios micorrízicos el equivalente de 13 200 millones de toneladas de dióxido de carbono. Es un cálculo conservador, no lejos de las emisiones anuales de carbono combinadas de China y Estados Unidos, los dos emisores más grandes del mundo. Se trata de una puerta de entrada clave para el carbono, del que en buena medida se apoderan los organismos del suelo. La captura de carbono por parte de los hongos se pasa casi totalmente por alto, mientras que los métodos mecánicos de captura directa del aire (DAC) copan titulares que dejan sin aliento. La planta de captura de carbono Stratos que está construyendo Occidental Petroleum en el condado de Ector, Texas, será la mayor de su clase y la precursora de un centenar de plantas similares. Stratos «aspirará» de la atmósfera dióxido de carbono, lo licuará y lo bombeará en formaciones geológicas subterráneas. Se estima que costará mil millones de dólares y requerirá anualmente otros trescientos para funcionar. Cada año extraerá quinientas mil toneladas de dióxido de carbono, la misma cantidad que los hongos capturan en noventa minutos y el mundo emite en 293 segundos. Stratos, conocida como una «depuradora de carbono atmosférico», hace lo que los sistemas biológicos llevan a cabo desde hace miles de millones de años. Si en cada uno de los hogares de Estados Unidos que disponen de una secadora tendieran la ropa al aire libre seis o siete veces al año, en conjunto reducirían más las emisiones del efecto invernadero que la planta del condado de Ector, y además ahorrarían tres mil millones de dólares en facturas de la electricidad.

Al observarlos bajo el microscopio de Kiers, los flujos de carbono complejos se ven corriendo en ambas direcciones dentro de las redes micélicas. ¿Cómo se determina y regula el flujo de carbono? Nadie lo sabe. El carbono que se está fijando es complejo. Presenta cadenas más largas que pueden permanecer en el suelo centenares e incluso millares de años. Anualmente migran a la atmósfera 54 000 millones de toneladas de gases de efecto invernadero debido a la actividad humana. Al mismo tiempo, los hongos micorrízicos construyen bajo el suelo depósitos de carbono que lo retendrán durante mucho tiempo. Se calcula en 2500 millones de toneladas el carbono existente en el manto de la Tierra, una cantidad que triplica a la del carbono en la atmósfera. La agricultura industrial, entretanto, destruye los hongos en cientos de millones de hectáreas de tierras de cultivo. Si continuamos labrando y pastoreando en exceso, si impregnamos de herbicidas y fungicidas la tierra productiva, las redes micélicas retrocederán todavía más y perderán su capacidad de fijar carbono en el suelo. Si perdemos el 8 % de las 2500 gigatoneladas de carbono terrestre, los gases atmosféricos, más abundantes de lo que han sido en 4300 millones de años, aumentarán en cien partes por millón.

Al caminar por el campo, atravesamos un reino viviente activo, vibrante, extremadamente vigoroso. Hay más vida por debajo del suelo que por encima. Aunque se han realizado miles de estudios sobre las micorrizas y su diversidad, su conducta y los lugares donde se encuentran, siguen presentando más enigmas que hechos fehacientes. La mayor parte de las investigaciones se llevan a cabo en entornos controlados, bajo el microscopio o en tiestos. ¿Cómo investigar los micelios si estos tienen un millón de puntos de contacto con una sola planta? ¿O cómo estudiar al hongo parásito *Armillaria* de Malheur, que cubre veinticinco kilómetros cuadrados y pesa treinta y cinco millones de kilos?

Las redes micorrízicas actúan como si fuesen capaces de resolver cálculos complejos. Se han hecho estudios que muestran las redes micorrízicas desde el punto de vista de los intercambios, la simbiosis, la química y los procesos que pueden medirse, observarse y comprenderse. El mundo de los hongos que se extiende bajo nuestros pies es asombroso, laberíntico, consciente y sensato, con infinitos billones de conexiones que se entrecruzan y transfieren moléculas e información. Sin embargo, las redes fúngicas carecen de cerebro y de sistema nervioso. Según una teoría, son vagamente análogos a un sistema nervioso y, como hace nuestro organismo, utilizan aminoácidos para transmitir información. La manera esencial que tienen de comunicarse es la sexual: encontrar una pareja para reproducirse. Para ello emplean el equivalente de su olfato y, en función de las feromonas, se dirigen a sus parejas potenciales o se apartan de ellas. Es algo que nos resulta familiar.

Las plantas del género *Voyria* no realizan la fotosíntesis, y aun así reciben azúcares naturales a través de redes micorrízicas. Estas «plantas fantasma» se han ganado el nombre porque dan la impresión de que no devuelven nada. No hay ni una simbiosis ni una reciprocidad evidentes. Rompen las reglas con respecto a las redes micorrízicas. Las plantas intercambian el carbono que reciben, pero ¿por qué las plantas o las micorrizas compartirían algo sin recibir nada a cambio? Hasta hace poco se consideraba que las plantas eran entidades autónomas y competitivas, y se las estudiaba y analizaba de acuerdo con esta idea. Desde una perspectiva evolutiva, nutrir a la *Voyria* se calificaría de «altruista», pero el altruismo fracasa en última instancia, porque recompensa a los consumidores y castiga a los generosos. Las redes micorrízicas y miles de millones de raíces de plantas forman una comunidad. La cuestión estriba en saber cuáles son las dinámicas de esas comunidades.

Las complejas comunidades de redes micorrízicas que estudia Kiers, con sus nutrientes y sustancias químicas moviéndose en distintas direcciones dentro de redes microtubulares, recuerdan a ciudades con el denso tráfico de las horas punta. Los flujos de nutrientes pueden ir en una dirección y entonces dar marcha atrás, detenerse, seguir fluyendo, reducir su velocidad y volver de nuevo sobre sus pasos. Están canalizados y son rápidos; ofrecen una respuesta constante, casi espasmódica. Pero ¿a qué reaccionan? Hay una pista. Los micelios pueden emitir pulsaciones químicas y bioeléctricas. Kiers trabaja con Cosmo Sheldrake para registrar los sonidos que se transmiten a través de ecosistemas subterráneos en focos de gran biodiversidad micorrízica como Chile. Están delineando de qué manera los hongos perciben, aprenden y toman decisiones. Los hongos son políglotas, pues emiten y comprenden una amplia variedad de señales químicas. En su magnífico tratado sobre los hongos, titulado *La red oculta de la vida*, Merlin Sheldrake señala de qué modo la obsesión humana por los animales ha dado lugar a lo que se conoce como «ceguera a las plantas, que nos hace ver los árboles como un escenario, como un telón de fondo con ciervos y aves». Sheldrake se pregunta si no tendremos también «ceguera fúngica».

Un aluvión de estudios reexamina las creencias sobre la consciencia y la inteligencia de animales, aves, plantas e insectos. Y a menudo llegan a conclusiones que antes eran impensables. Los insectos poseen capacidades cognitivas que antaño se reservaban a los primates superiores. Las abejas cuentan con números, recuerdan rostros humanos, tienen dialectos y cuando vuelan solo ven las tonalidades verdes, mientras que al aterrizar sobre las flores ven todos los colores. Las avispas pueden reconocer caras individuales de otras avispas. Las arañas saltarinas podrían estar soñando cuando, dormidas, cuelgan patas arriba de un hilo, flexionan las patas y se contraen. Los cascanueces americanos recuerdan dónde están enterrados miles de piñones en hasta diez mil escondrijos situados en un radio de veinticinco kilómetros. Los grillos aleccionan a sus crías sobre el peligro de las arañas antes del nacimiento, cuando sus madres hace tiempo que han desaparecido. Los cuervos pueden transmitir a su progenie el recuerdo de un rostro humano. Las hormigas arrieras juegan, cultivan alimentos y crían pulgones como ganado. ¿Sabemos qué hacen los hongos?

Las descripciones anteriores son precisas pero antropomórficas, ya que describen una inteligencia dentro de nuestro marco de comprensión. Por brillante que sea el *Homo sapiens*, ¿cómo evaluamos la inteligencia de otra especie? En el mundo inanimado de la física y la química hay principios y constantes, pero la biología se resiste a los principios. Las ciencias de la vida han sido incorrectas durante quinientos años, y se supone que debe ser así. La ciencia registra lo que se acepta y conoce en un momento dado, no una verdad inmutable. En 1860, durante el famoso debate que se celebró en Oxford sobre la evolución, Samuel Wilberforce ridiculizó a Thomas Huxley al preguntarle qué lado de su árbol genealógico descendía de los monos. Por su misma naturaleza, la ciencia se atiene a ciertos paradigmas hasta que se demuestre lo contrario. En el siglo XVII se consideraba que los animales eran máquinas, que carecían de sentimientos, emociones y pensamientos, y, desde luego, que no eran parientes nuestros.

Si las especies perciben el mundo de una manera que a nosotros nos está vedada, ¿de qué modo podría eso influir en su lógica, sus recuerdos y su comunicación? Cuando un murciélago ciego ecolocaliza por medio de un sonido ultrasónico, una libélula ve el mundo en panoramas envolventes o una abeja detecta huellas ultravioleta para saber cuándo visitó una flor por última vez, es evidente que esas especies ocupan un mundo claramente distinto al nuestro. Es difícil admitir que los hongos micorrízicos son inteligentes. Las plantas poseen capacidad de cognición, comunicación, cálculo, aprendizaje y memoria, pero no tienen cerebro, neuronas ni sistema nervioso. ¿Podrían los hongos ser similares? Algunos afirman que sin consciencia no puede haber inteligencia. Puesto que la ciencia desconoce qué es la consciencia, tal vez existan mejores puntos de partida. ¿Podemos saber lo que otras especies saben y, por inferencia, comprenderlas o llegar a entender su lenguaje? Como dice Toby Kiers: «Lo que sucede ahí abajo es una locura».

Capítulo 10

La lengua

Las lenguas de la Tierra no son mentiras o manipulaciones al servicio de justificaciones políticas, religiosas, económicas o científicas. No se invocan, se confían ni se conceden para reducirlas a unas casillas lineales de datos. Se hablan en todo momento como remedios, allí donde todas las alabanzas se dirigen a la Tierra.

TIOKASIN GHOSTHORSE

Es una creencia común que hablamos acerca de lo que vemos. Sin embargo, lo que decimos sobre nosotros mismos y sobre el mundo representa nuestra forma de mirar. Esto resulta evidente en tiempos de cacofonía política. Ya no esperamos la verdad. Cuando hablamos de experiencias, nuestros pensamientos atraviesan dos prismas. El primero es el yo: nuestra identidad, nuestros propósitos y creencias. El segundo es la lengua aprendida. La lengua materna determina nuestra manera de ver el mundo. En Japón, la dirección postal se escribe al revés de como se hace en Occidente. Empieza con el país y termina con el nombre del destinatario. El sentido de constituir una pequeña parte de un sistema mayor está incrustado en la lengua. El individuo está subordinado al conjunto; el respeto y la humildad se integran en la lengua.

El inglés es una lengua explícita que se origina en el yo. Las frases suelen empezar con la primera persona, mientras que las frases japonesas acostumbran a carecer de pronombre. Cualquier cultura puede expresarse en inglés, pero la lengua inglesa no deriva de una sola cultura, sino que está hecha de palabras procedentes de otras lenguas, pueblos y épocas. En ella se entrelazan el griego, el francés, el latín, el anglosajón, el teutónico, el danés, el neerlandés, el alemán, el celta y el italiano. Por eso las reglas de pronunciación del inglés no tienen sentido. *Steak* [filete] no rima con *streak* [mancha], *some* [algo] con *home* [casa, hogar] ni *head* [cabeza] con *heat* [calor]. Unos ciento sesenta dialectos ingleses actualmente en uso crean sin cesar nuevas palabras. *Ta* [gracias], *brekky* [desayuno], *arvo* [tarde], *strewth* [¡cielos!] y *okker* [australiano rudo] proceden de la jerga *strine* australiana. El inglés gulá, hablado en las costas de Carolina del Sur y Georgia, combina palabras del bantú y de las lenguas del Níger-Congo. *Chany* es «porcelana», *mannusstubble* es «cortés», *crackuhday* es «amanecer», *ceebin'* es «decepcionar». Este dialecto introdujo *dunno* [no lo sé], *no-count* [inútil], *granny* [abuela] y *gimme* [dame] en el habla común.

El inglés es la lengua del comercio, imperante en la ciencia, ubicua en la tecnología de la información y preeminente en cualquier otro tipo de tecnología. La totalidad de los cien millones de compuestos químicos sintetizados en todo el mundo están registrados en inglés, lo que hace de la química industrial el grupo lingüístico (por recuento de palabras) más amplio a escala global. El segundo grupo por recuento de palabras es el de los nombres de plantas. Le siguen el inglés, el mandarín, el hindi y el español. El inglés es la lengua de comunicación en gran número de conferencias internacionales. Millares de nuevas palabras se le añaden cada año, de modo que cada vez es más preciso y útil. Ha nombrado, identificado y etiquetado prácticamente cuanto existe, sea un ser vivo o un objeto inanimado: un logro impresionante. Sin embargo, las categorizaciones contenidas en el millón de palabras de la lengua inglesa dejan a los hablantes sin un marco, un contexto o un sentido de lugar. El inglés está desarraigado. La lengua puede tanto conectarnos a la vida como desconectarnos de ella. En inglés, cuando vemos a un ciervo o un búho, decimos que «ello» *[it]* mordisquea la hierba o traza círculos en el aire. Eso no lo haríamos jamás con un ser humano. ¿*Ello* come? ¿*Ello* conduce? ¿*Ello* se ha graduado?

Existen otras maneras de hablar y ver. La lengua consiste en información, conexión, certidumbre y supervivencia. La lengua chicham de los achuares, en la región amazónica de Ecuador, no tiene ninguna palabra para «naturaleza», como ocurre también con otras lenguas indígenas. Existen buenas razones para la ausencia de conceptos como el de «naturaleza». Tales palabras solo serían necesarias si los achuares experimentaran la naturaleza como distinta del yo. El investigador Andrew Messing, de la Universidad de Harvard, comentó que buscar la palabra para «naturaleza» en las lenguas indígenas es como buscar la palabra para «mansión» entre los habitantes del bosque.

Una vez asistí como oyente a una mesa redonda de científicos sobre prácticas de gestión de recursos naturales, y observé que uno de los participantes indígenas, Oren Lyons, un guardián de la fe del clan seneca de la Tortuga, permanecía en silencio. Cuando, tratando de que interviniera en el debate, el moderador por fin se volvió hacia Lyons y le preguntó qué pensaba, el interpelado respondió: «En nuestra cultura, los recursos son relativos». Pronunció todas sus palabras sin hacer juicio alguno. Era algo indiscutible. La perspectiva de Lyons contrastaba con la de quien le había precedido, una manera íntima de estar dentro del mundo viviente en oposición a la de verlo como un objeto.

Durante un viaje a Torres del Paine, en la Patagonia, un día de invierno entré en el Museo Yámana de Ushuaia, en

Tierra del Fuego, donde no había calefacción. Tenía poco de museo. El interior estaba frío y húmedo, y no había nadie. Deambulé por las dos pequeñas salas y miré unas fotografías en blanco y negro que parecían observarme con atención. Las imágenes eran principalmente de personas semidesnudas, a menudo protegidas por grasa de foca y taparrabos, que miraban con aprensión a la cámara. Las fotografías, del siglo XIX, mostraban a familias yámanas apiñadas en viviendas construidas con palos, hierbas y pieles de foca. Los miembros de la tribu tenían pómulos altos, mandíbulas fuertes, cuerpos bajos y fornidos, cabelleras espesas y negras como ala de cuervo y ojos de ébano que reflejaban temor y angustia. Una cultura de colonos invasores había destruido su estilo de vida y ahora los fotografiaba como si fuesen objetos. El museo, un vestigio de su existencia, era conmovedor a la par que doloroso.

En 1520, tres carabelas capitaneadas por Fernando de Magallanes rodearon un cabo prominente en el paralelo 52, al sudeste de Chile. El navegante portugués había descubierto el paso sudoccidental al océano Pacífico, un estrecho sobre cuya existencia ya se rumoreaba por aquel entonces y que ahora lleva su nombre. La flota penetró en un territorio implacable. Desde lo alto de los riscos, en medio de un denso bosque de hayas, gentes de piel cobriza contemplaban los barcos de Magallanes. Corría el mes de octubre, todavía invernal en el hemisferio sur. Los arrobados espectadores, embadurnados con grasa de foca y cubiertos algunos de ellos con pieles de animales, eran indiferentes a los vendavales que helaban los huesos a los marineros europeos. En las crestas azotadas por el viento se alzaban las gentes que habían habitado el «fin de la tierra» desde la última era glacial. Vivían en casas excavadas, tiendas y canoas de corteza de árbol, y carecían de hogar permanente. A fin de asegurar su supervivencia, los yámanas llevaban cestos con ascuas adondequiera que fuesen, en una incesante conexión salvadora con el fuego. Cuando se hacían a la mar, ponían carbones sobre arena en el centro de la canoa, una agradable fuente de calor para las mujeres que, en busca de crustáceos, se sumergían en las aguas, cuya temperatura no superaba los nueve grados. Por la noche, los yámanas dormían desnudos al aire libre. Los marineros que temblaban en los barcos veían derretirse la aguanieve en la piel de hombres y mujeres sin atuendo alguno de cintura para arriba. Los humeantes fuegos que Magallanes vio de un lado a otro del archipiélago dieron nombre a Tierra del Fuego.

La última hablante de la lengua yámana, Cristina Calderón, falleció en el 2022, a los noventa y tres años. El impacto de la esclavitud, la enfermedad, el racismo y la explotación tuvieron como resultado el exterminio de los yámanas. Sin embargo, en este caso contamos con un legado extraordinario. Durante veintiún años, Thomas Bridges atendió en su misión a la pequeña población de yámanas que quedaba y catalogó y registró minuciosamente su lengua. Era un lexicógrafo aficionado y, junto con el último jefe tribal, George Okkoko, documentó el significado de 32 240 palabras hasta su muerte en 1898. No sabemos cuál habría sido el número total de vocablos si hubiera podido completar el diccionario que proyectaba. El vocabulario yámana tiene muchas más palabras de las que Shakespeare utilizó en sus obras. El de los estadounidenses con estudios es de unas veinte mil. Los adolescentes utilizan en torno a mil doscientas.

Conseguí un ejemplar del diccionario de yámana-inglés (el antropólogo austríaco Martin Gusinde imprimió trescientos en la década de 1950). Leerlo es como entrar en una esfera de existencia diferente. Se trata de una guía de la tierra conmovedoramente hermosa en la que los yámanas prosperaron y los occidentales sobrevivieron. Transmite la riqueza de su lengua y de su vida cotidiana. *Taisasia* significa «estar tapado y tendido en el suelo como huevos en un nido». El vocablo que equivale a «depresión» se refiere a un cangrejo que no ha mudado del todo su caparazón. *Ondagumakona* significa «arrancar racimos de mejillones de una roca desde una embarcación e ir comiéndoselos mientras se cocinan». La lengua yámana era una enseñanza: explicaba cómo habitar con éxito la tierra y los mares donde residían. Enseñaba a los yámanas dónde vivían. La palabra *yámana* significa la forma de vida más elevada, la de «estar vivo».

Una de cada cinco personas en el mundo habla inglés. Si le añadimos el mandarín, el hindi y el español, tenemos la mitad de la humanidad. Se hablan otras 7145 lenguas, un 40 % de las cuales se consideran en peligro de extinción, con menos de un millar de hablantes. Según la UNESCO, 608 corren un peligro crítico, con menos de un centenar de hablantes. En Estados Unidos hay 154 lenguas nativas en peligro, entre ellas el assiniboine, el chickasaw, el seneca, el salish, el tewa, el tlingit y el yurok. Una lengua muere cuando no se habla a los niños. ¿Qué valor podrían tener hoy estas lenguas en un mundo que se moderniza rápidamente, globalizado y formado? Lo cierto es que no lo sabemos porque no existe un «nosotros» que pueda hablar por todos. ¿Quién puede juzgar y decidir qué es valioso y qué no lo es? Las lenguas que están pereciendo son específicas de personas, culturas y lugares. Centenares de culturas se han desplazado a entornos urbanos, mayoritariamente en busca de trabajo, llevando consigo sus lenguas. En la ciudad de Nueva York se hablan más de setecientas lenguas, de las que ciento cincuenta están en peligro, la concentración más grande de lenguas amenazadas del mundo. Varios centenares de hablantes de seke residen en dos pueblos de Nepal y en sus alrededores. Otros ciento cincuenta hablantes de seke viven en dos bloques de pisos de Brooklyn. Hay más lenguas por kilómetro cuadrado en Queens que en cualquier otro lugar del planeta. Entre las lenguas de poblaciones presentes en la ciudad de Nueva York figuran el bartangi, el mojave, el taíno (el idioma del pueblo sometido por Colón en su primer viaje), el chamorro y el kurdo sorani.

El antropólogo Wade Davis cree que las lenguas habladas en el mundo constituyen una *etnosfera*, «la suma total de todos los pensamientos, sueños, ideales, mitos, intuiciones e inspiraciones que ha creado la imaginación desde los albores de la consciencia». Además, como en el caso del yámana, representan un extraordinario registro de investigación observacional: la sabiduría acumulada por vivir en una región, isla o bosque y aprender de ello durante milenios. Las lenguas no consisten solo en verbos, sustantivos y adjetivos. Cada una es una manera de ver el mundo. El estado del mundo se refleja en cómo las lenguas dominantes han aplastado la extraordinaria diversidad de la cultura humana. Los aborígenes de Australia se refieren a sí mismos según su lugar de residencia, como Koori, Gandangara o Nunga. La escritora Claire G. Coleman describe lo que hacen los aborígenes cuando entran en contacto unos con otros por primera vez: hablan de que su familia se remonta a veinte generaciones o más para determinar cómo están asociados y vinculados. Desde su punto de vista, lo que nos hace humanos es la manera en que estamos conectados, no lo que poseemos. Davis ve las lenguas como un biólogo la diversidad de las especies. «Las distintas culturas representan visiones únicas de la vida, inspiradas moralmente y correctas por naturaleza. Y esas diferentes voces forman parte del repertorio general de la humanidad para enfrentarnos a los desafíos que nos esperan en el futuro. A medida que nos deslizamos hacia un mundo insípidamente amorfo y genérico, que las culturas desaparecen y la vida se vuelve más uniforme, nosotros, como individuos y como especie, y la Tierra misma nos vamos empobreciendo profundamente.» Hay en el mundo un ecosistema de las lenguas, y no es una coincidencia que la densidad y la ubicación de las culturas indígenas se correspondan estrechamente con las zonas que albergan la mayor biodiversidad del planeta.

Los mi'kmaq viven en los bosques nororientales de Canadá, hasta el extremo septentrional de Maine. Nombran a los pinos de gran tamaño por el sonido del viento que sopla entre sus ramas una hora antes de la puesta del sol en octubre. Años después, los ancianos, gracias a que recuerdan los nombres dados a los pinos, son capaces de detectar si los árboles se han visto dañados comparando sus denominaciones con los sonidos actuales. Tenemos varios vocablos para describir el sonido del viento en los árboles: susurro, ajetreo, suspiro y gemido; pero el inglés, con su millón de palabras, carece de nombre para el sonido que produce un árbol individual. Nombrar y recordar a un árbol por su sonido es una hazaña lingüística extraordinaria. Es un nombre propio basado en un sonido único, intraducible a cualquier otra lengua.

En un vuelo a Alaska, tomé asiento al lado de una mujer yup'ik que volvía a casa porque su hermana había fallecido y ahora ella era la más anciana de la familia. Los yup'ik viven a lo largo del mar de Bering, en Alaska occidental, y de la bahía de Bristol. Sus antepasados llegaron diez mil años atrás desde Siberia, y sus descendientes directos han vivido en Alaska occidental durante los últimos tres mil años. Le pregunté cómo era vivir todo el año en el estrecho de Bering. Mientras me contaba anécdotas de una vida seminómada, mencionó con naturalidad que podía predecir el tiempo con dos años de antelación, una habilidad esencial para su supervivencia. Los ayudaba a calcular cuánto pescado seco y carne de foca tenían que guardar, cuánto durarían los meses de invierno cuando se trasladaran tierra adentro y cuál sería la población de caribúes. Siguió dándome detalles sobre caza, atuendo invernal y fauna avícola, pero entonces tuve que interrumpirla. Le señalé que más de cien satélites climáticos geoestacionarios no son capaces de predecir con fiabilidad el tiempo que hará más allá de una semana. ¿Y ellos lo hacían con dos años de antelación?

Ella respondió que, para los yup'ik, la comprensión de los ciclos climáticos a largo plazo se basaba en la profundidad de sus observaciones cotidianas. Incidencias y acontecimientos específicos se recordaban y transmitían de una generación a otra: lo que ocurría en su entorno y cuándo, así como lo que sucedía en los meses y años posteriores. Por ejemplo, en qué momento del otoño el mar se congelaba o cuándo se producía el deshielo en primavera; el color del hielo al congelarse, su textura y fuerza; la consistencia como de terciopelo de las astas del caribú; el color del musgo de la tundra; la llegada de las ballenas boreal y beluga, de la morsa del Pacífico y de las focas barbudas; los tipos de nieve; la textura de las nubes convectivas y estratiformes, y el momento en que los mérgulos y los éideres inician sus migraciones. En el transcurso de milenios, las observaciones de la vida y los elementos se correlacionaron con acontecimientos posteriores. Esta aguda consciencia del lugar implica el reconocimiento de ciertas pautas, la conexión entre la memoria y la información actual o, en este caso, el tiempo atmosférico. Los yup'ik no disponen de más palabras para la nieve, el musgo o las nubes que la ciencia. La diferencia radica en cómo ellos emplean las palabras para crear una cultura duradera. El escocés cuenta con cientos de términos para designar la nieve. *Flindrikin* es una nevada ligera, *blett* son grandes copos, *smirr* es aguanieve, y hay otras cuatrocientas palabras para el mismo campo semántico. Es una lengua pintoresca, encantadora y local, pero nunca se ha sintetizado en pautas que predijeran el tiempo con años de antelación.

Entre el 11 de noviembre de 1861 y el 24 de enero de 1862, se registraron en California unas precipitaciones históricas que causaron una inundación masiva. El diluvio duró cuarenta y tres días seguidos. Un implacable río atmosférico procedente de las cálidas aguas del Pacífico dejó a su paso una estela de devastación. Se perdieron millares de vidas. Hogares, asentamientos, ranchos y ganado fueron barridos por las aguas. El Valle Central se convirtió en un mar interior y las poblaciones quedaron sumergidas, a profundidades de entre dos y cuatro metros y medio, durante seis meses. Un tercio de las propiedades de California terminaron destruidas, y el estado se vio obligado a declararse en bancarrota. El gobernador tuvo que ir remando hasta el primer piso del capitolio estatal en Sacramento. El fenómeno atmosférico pilló por sorpresa a todo el mundo, excepto a la tribu maidu. El 11 de enero de 1862, el *Nevada City Democrat* dejó constancia de su reacción: los maidus abandonaron sus hogares y «se encaminaron a las colinas, pues predecían un desbordamiento sin precedentes. Dijeron a los blancos que la altura del agua sería superior a la alcanzada en los últimos treinta años, y señalaron con el dedo los árboles y los edificios a los que llegaría. [...] No es improbable que hayan contado con mejores medios que los blancos para anticipar una gran tormenta». Así era, pues contaban con la memoria ancestral desarrollada a lo largo de los dos mil años que llevaban viviendo en las estribaciones de la Sierra con su taracea de valles. En aquel entonces, California tenía medio millón de habitantes. Hoy su población es de 39 millones. Las pruebas geológicas evidencian que grandes inundaciones como la de 1861-1862 suceden periódicamente, cada cien o doscientos años, desde hace milenios, y lo más seguro es que sigan ocurriendo.

Que el inglés tenga un número extraordinario de vocablos no significa que sea posible traducir al inglés cualquier palabra de otra lengua. Puede que sea una lengua universal, pero, a pesar de su amplitud, renuncia a enseñar dónde habita. En este sentido, el inglés siempre será un sintecho. La lengua indígena se adapta al lugar y a la gente, es un medio para asegurar que la comunicación esté conectada a cada uno y a la región. Las preocupaciones de Wade Davis tienen razón de ser. La humanidad no se da cuenta de que está perdiendo y eliminando lenguas indígenas, de que las lenguas representan una peculiar y brillante comprensión del mundo. A medida que el impacto de una atmósfera que se va calentando golpee vecindarios, ríos, bosques, gentes y ciudades, necesitaremos conocer nuestros países mucho mejor que ahora: el bioma, la procedencia del alimento y el agua, la forma de crear durabilidad y el fomento de medidas contra la fragilidad y en favor de conexiones profundas.

El movimiento climático utiliza palabras y frases que apenas tienen sentido para la gran mayoría de la humanidad: *cero neto*, *descarbonización*, *captura directa del aire*, *fermentación entérica*, *eliminación del dióxido de carbono*, *teragramo*, *punto de no retorno*, *límites planetarios*, *retención de carbono*. Puede que la expresión más extravagante de todas sea *neutralidad del carbono*, una imposibilidad biofísica. Puede considerarse un abuso de los sustantivos, una manera particular de disociación del mundo en la que la divisibilidad viene a ser análoga al conocimiento. A lo que la gente responde es a los verbos. El maestro lakota Tiokasin Ghosthorse explica por qué las lenguas indígenas, como el yámana, tienen más verbos que el inglés: porque tratan de relaciones, mientras que los sustantivos dividen el mundo en objetos. El colapso de los sistemas vivientes hunde sus raíces en la gramática y el vocabulario. Aunque durante siglos los indígenas se han visto obligados a abandonar sus tierras tribales, Ghosthorse señala que la tierra no se les podía arrebatar porque ellos nunca habían creído que fuese suya. Las tribus y las culturas pueden carecer de tierra, pero no de hogar. No vivían en el sustantivo *tierra*. William Least Heat-Moon cuenta un antiguo relato indio:

> El hombre blanco preguntó: «¿Dónde está tu nación?». El piel roja dijo: «Mi nación es la hierba, los animales de cuatro patas y los de seis, los que arrastran el vientre por el suelo y los que nadan, y los vientos y todas las cosas que crecen y no crecen». El hombre blanco preguntó: «¿Qué tamaño tiene?». El otro dijo: «Mi nación es donde estoy yo y donde están mi gente, y los abuelos y sus abuelos y todas las abuelas, y todos los relatos que se han contado, y es todas las canciones y es nuestras danzas». El hombre blanco preguntó: «Pero ¿cuánta gente hay ahí?». El piel roja dijo: «Eso no lo sé».

La mayoría de la gente cree que es posible apoderarse de la tierra y poseerla, y los resultados saltan a la vista. La mitad de las tierras de cultivo del mundo están degradadas. Desde 1800 se ha destruido un tercio de los bosques, junto con el 60 % de las praderas. Empresas multinacionales y países extranjeros se están haciendo con grandes extensiones de tierra de cultivo de Estados Unidos y con derechos sobre el agua. Cerca de 65 millones de kilómetros de carreteras surcan el territorio, lo cual permite que los camiones y automóviles estadounidenses maten más de un millón de vertebrados a diario. Ghosthorse sugiere que la era moderna podría haber excedido su «fecha de caducidad». El discurso popular moderno es una mezcolanza mental de creencias y habladurías. «Las lenguas conscientes no requieren una *lógica de la creencia*, sino más bien una *lógica del conocimiento* de que la Tierra no miente y solo dice la verdad, con un respeto consciente por todos los seres.»

Capítulo 11

Ojos de papel

En el nombre de la Abeja
y de la Mariposa
y de la Brisa, amén.

EMILY DICKINSON

A medio metro de mi cara se cierne una libélula rayadora flameada que me mira fijamente. Sus ojos rojizos y bulbosos tienen veinticuatro mil córneas, que le proporcionan una visión de trescientos sesenta grados: arriba, abajo, atrás, adelante y alrededor simultáneamente. En comparación, mi capacidad visual es insignificante. Sus ojos tienen treinta opsinas, las moléculas fotorreceptoras universales que residen en los órganos visuales del reino animal. Miro atrás con mis tres opsinas y mis dos córneas azules. La libélula sobrevuela el estanque junto al que estoy sentado y se desplaza de un lado a otro con sus alas satinadas, rojas y anaranjadas como su cuerpo. Mi visitante pesa unos tres gramos y se mueve a velocidades de casi cincuenta kilómetros por hora durante las pocas semanas que vive en el aire. Pasa su tiempo de vida, de entre tres y cuatro años, principalmente en estado de larva, como una ninfa de agua dulce, omnívora subacuática, que se alimenta de renacuajos, peces de cola manchada, alevines y otras ninfas. Hoy luce unas alas iridiscentes que relucen como vestidos de baile, en busca de pareja para copular, cosa que prefiere hacer sin ningún recato en el aire. Mientras resplandece y palpita delante de mí sin moverse un ápice, contemplo 350 millones de años de evolución.

Los ojos compuestos de las libélulas ven la luz ultravioleta, lo cual les proporciona una capacidad única para detectar las formas y el movimiento. Expertos militares han observado su comportamiento a fin de desarrollar *software* para los aviones furtivos que utilizan camuflaje de movimiento activo. Cuando una libélula se dispone a cazar, se queda suspendida en el aire, perfectamente inmóvil, entre la presa y la sombra proyectada por un árbol u otra cosa, para ocultar su posición. Es un poco como acercarse sigilosamente a alguien en un bosque detrás de unas ramas. La libélula puede seguir los movimientos de la presa y cambiar continuamente de posición para mantenerla alineada con el árbol. Una mariposa o un mosquito no se percatan de esta táctica. La libélula va aproximándose hasta situarse a la distancia oportuna para el ataque. Esta adaptación evolutiva, óptima para las libélulas, las ha convertido en depredadores altamente eficaces a pesar de la brevedad de su vida.

Un ejemplo notable de la capacidad de observación de los indígenas se produjo en 1949. Los etnoentomólogos documentaron de qué manera los dinés (navajos) nombraban y clasificaban más de setecientas especies de insectos y describían sus sonidos, conducta y hábitats, un conocimiento compartido, memorizado y transmitido de generación en generación. ¿Por qué hacían eso los navajos? Tal vez porque son realmente científicos. Querían conocer a fondo su mundo, lo que podría constituir la diferencia entre sobrevivir y progresar para unas personas que viven por entero en la tierra y con ella.

En las selvas de México habita la gigantesca mariposa búho *(Caligo eurilochus)*, que agita sus alas como de papel, las cuales miden dieciocho centímetros, al anochecer, en ausencia de las aves depredadoras. En la base de cada ala hay una mancha ocular perfectamente formada, y juntas semejan asombrosamente los ojos de un búho. Un artista a duras penas podría crear unas réplicas tan exactas. El naturalista inglés Henry Walter Bates fue el primero en explicar las alas imitadoras. Bates llegó a las selvas de México en 1848, tras navegar por el Amazonas y sus afluentes. Dejando de lado sus clichés racistas, su libro *El naturalista por el Amazonas* es una impresionante descripción de once años de estudios durante los que recolectó más de catorce mil especies e identificó ocho mil nuevas, desde hormigas forrajeras comunes hasta asombrosas arañas migalas que se alimentaban de aves y medían treinta centímetros de ancho, a las que niños risueños paseaban sujetas de una traílla como si fueran perritos.

Al igual que otros naturalistas de su época, como John James Audubon y Alphonse Dubois, Bates abatía pájaros a diestro y siniestro, los embalsamaba con formaldehído y los entregaba a museos de historia natural. Sin embargo, lo que más le interesaba eran las mariposas amazónicas. Observó que las aves insectívoras y las libélulas ignoraban a las mariposas comestibles, dado que el color de sus alas imitaba a especies nocivas o depredadoras. La oruga de la mariposa de nubes verdes es negra y blanca al nacer, disfrazada de excremento de ave. Sufrirá tres mudas, con manchas en la cabeza que le darán un aspecto de serpiente, lo que se conoce como «mimetismo batesiano». Este proceso evolutivo recompensó la coloración y los diseños engañosos de las alas porque protegía a la especie. Bates fue uno de los primeros partidarios de las teorías de la evolución, y Darwin elogió su libro como el mejor volumen de historia natural jamás publicado en Inglaterra. Lo que ni Darwin ni Bates podían explicar es cómo se las arreglan las mariposas para disfrazarse. ¿Acaso las orugas se habían fijado en los ojos de un búho? No había duda de que evolucionaban y se tragaban los fracasos, pero ¿de qué manera exactamente la pupa de una oruga se metamorfosea en una mariposa con unas réplicas perfectas de ojos de búho en las alas? La explicación científica es la existencia de una red reguladora que permite a los genes colaborar y aprender unos de otros. Sin embargo, esto no nos dice cómo se programaron los genes en primer lugar. Hace millones de años, los genes empezaron a pintar alas con diseños pigmentados de una fidelidad y complejidad extraordinarias. ¿Quién fue el artista?

La mayoría de la gente conoce un número de especies de mariposa relativamente bajo. Se presta una atención especial a las mariposas monarcas, que migran a una distancia de entre tres y cuatro mil kilómetros desde sus fuentes de alimentación en el norte de Estados Unidos y el sur de Canadá hasta los abetos oyameles de México central, donde pasan el invierno. Los brillantes dibujos de sus alas, negros y anaranjados, que las convierten en favoritas de los espectadores, sirven para recordar a las aves que son peligrosas. Las monarcas ponen sus huevos bajo las hojas del algodoncillo, una planta tóxica. Cuando nacen las orugas, consumen las hojas del algodoncillo, por lo que la monarca que emerge de la crisálida es igualmente tóxica.

Los lepidopterólogos que estudian las mariposas diurnas y las mariposas nocturnas tienen una visión panorámica de su importancia y presencia. Existen diecinueve mil especies de mariposas diurnas, mientras que las nocturnas son más de ciento sesenta mil, muchas de ellas similares a las diurnas por su forma y por la envergadura de sus alas. Sin embargo, su tamaño varía ampliamente, desde la anchura de un hilo de espagueti de las mariposas nocturnas pigmeas hasta los treinta centímetros de las Hércules. Las mariposas diurnas y las mariposas nocturnas pertenecen al mismo orden, hasta el punto de que algunos científicos llaman a las primeras «polillas diurnas».* Estudios recientes demuestran que las mariposas nocturnas pueden ser mejores polinizadoras que las abejas. Realizan esta tarea principalmente de noche, cubriendo la Tierra cuando no estamos mirando. Para explorar su ubicuidad, hay que empezar la vigilancia cuando oscurece, idealmente en una noche iluminada por la luna y sin ninguna luz artificial. Deja que tus ojos se adapten, observa y espera. Es una revelación. Una noche de luna salí a por un manojo de romero y vi docenas de esbeltos y plateados visitantes en cada rama. Las mariposas nocturnas tienen unas antenas extraordinarias, capaces de detectar el aroma de las flores o de posibles parejas a kilómetros de distancia. Mientras las abejas se consideran como los polinizadores diurnos dominantes, las mariposas nocturnas se posan sobre una mayor variedad de flores por la noche. Los patrones de vuelo irregulares y espasmódicos de las mariposas nocturnas son maniobras defensivas para burlar la ecolocalización de sus depredadores los murciélagos.

Entre los organismos de la Tierra que conocemos, uno de cada diez es una mariposa nocturna, y más del 90 % de las aves se alimentan de ellas. Por otro lado, muchas orugas de mariposas nocturnas dependen de familias o especies de plantas concretas. Debido a la pérdida de su hábitat, hay plantas que están desapareciendo, lo cual implica la extinción

---

* En inglés, las mariposas nocturnas, incluida la polilla, se designan con la palabra *moth*, mientras que para las diurnas se emplea *butterfly*. (*N. del T.*)

de ciertas especies de mariposas nocturnas. Con la desaparición de estos lepidópteros, unida a la de plantas y aves, se cierra un círculo de pérdidas acumulativas. La próxima vez que veas una botella de mezcal, repara en que el gusano conservado en el fondo fue un aspirante a mariposa nocturna.

La diversidad y las adaptaciones dentro del mundo de los insectos podrían ser más profundas de lo que hemos llegado a creer. ¿Y si los insectos fueran sintientes y conscientes, se percataran de nuestra existencia y tuvieran la capacidad de experimentar emociones? Según estudios recientes, es posible que así sea. Se supone que sus diminutos cerebros no son compatibles con la sintiencia, pero esta postura es insostenible. En los invertebrados están representados el mismo mesencéfalo y las mismas funciones basales que permiten nuestro conocimiento del mundo. Hay un movimiento de «mentes sin columnas vertebrales» que cuestiona los motivos por los que la moralidad y el bienestar animal se detiene en los invertebrados. Está saliendo a la luz mucha información sobre las abejas. Según el zoólogo Lars Chittka, de la Universidad de Londres, ciertos estudios muestran que las abejas melíferas *(Apis mellifera)* pueden contar, efectuar distinciones contrastadas y aprender mediante la observación de otros. Experimentan dolor y placer, son conscientes y recuerdan hechos pasados, como nosotros. Puede parecer inimaginable en un cerebro que pesa de dos a tres miligramos, una minúscula fracción del millón de miligramos que pesa el cerebro humano. Sin embargo, cada célula nerviosa del cerebro de la abeja puede establecer conexiones con otras diez mil células, lo cual proporciona a su cerebro más de mil millones de puntos de conexión en cualquier momento.

Dentro de las colmenas activas hay un zumbido estruendoso. Cuando los investigadores introducen pequeños micrófonos de exploración dentro de una colmena, la cacofonía resultante se debe a los breves estallidos de información codificada que alertan a las abejas sobre la localización de néctar, la calidad de la comida y la distancia por encima del suelo. Chittka, que ha dedicado su vida a estudiar las abejas, cree que los órganos sensoriales de estos insectos perciben el mundo de un modo tan radicalmente distinto al nuestro que «podrían considerarse con acierto alienígenas del espacio interior». La visión de sus ojos opuestos y bulbosos es casi envolvente. Toda su dieta está contenida en una flor. La gama del espectro de colores que pueden ver supera con creces a la nuestra. Su diminuto cerebro contiene una brújula magnética, y en la cabeza presentan unas protrusiones que pueden extenderse sesenta centímetros y les sirven para percibir el sabor, el olor, el sonido y los campos eléctricos. Además, son unos pilotos de precisión. Chittka plantea lo que no tiene respuesta: ¿qué hay en sus mentes? «Ahora parece que por lo menos algunas especies de insectos, y tal vez todas, son sintientes.»

Se han identificado cerca de 1,1 millones de especies de insectos. ¿Es posible que haya otros tan extraños como las abejas? ¿Por qué no los escarabajos, las arañas de cuevas, las langostas y las libélulas? Por cada ser humano hay aproximadamente 1400 millones de insectos, que en conjunto pesan media tonelada. En las últimas cuatro décadas, las poblaciones de insectos se han reducido entre el 30 y el 75 %, tal vez la desaparición de vida más importante desde que los mamuts lanudos se extinguieron hace diez mil años. A escala planetaria, desde hace cuarenta años se está produciendo una reducción anual del 2 % en la biomasa de los insectos, sin que se sepa cuándo terminará. Esta situación es la causa de la pérdida de tres mil millones de aves. Sin esas criaturas que zumban, vuelan, se abaten, canturrean, muerden y picotean, la mayoría de las aves no existirían, como tampoco el grueso de las plantas. El 80 % de las plantas silvestres dependen de polinizadores. Si los insectos desaparecen, nosotros vamos detrás, pues la cadena alimentaria quedaría rota sin posibilidad de reparación. Si hubiera pocos polinizadores o ninguno, los mamíferos, las aves y los peces dejarían de existir al cabo de unos meses. La agricultura desaparecería antes de un año, pues habría pocas granjas en funcionamiento. Los océanos tardarían un par de años más. Los hongos resistirían unos pocos años para eliminar los cadáveres en descomposición, y entonces también desaparecerían. La Tierra regresaría al estado en que se encontraba mil millones de años atrás y se convertiría en un planeta casi muerto poblado por bacterias y protozoos. La contrapartida del famoso informe de E. O. Wilson, publicado en 1987, «The Little Things That Run the World» [Los pequeños seres que hacen funcionar el mundo], podría ser «Without the Little Things, the World Does Not Run» [Sin los pequeños seres, el mundo no funciona]. Según Dave Goulson, profesor de Biología en la Universidad de Sussex, la tierra se está volviendo inhóspita para la vida.

Los insectos constituyen una parte integral de los ecosistemas terrestres, pues llevan a cabo unos servicios ecológicos insustituibles. Aportan controles naturales de algunos de los insectos destructivos y ayudan a la descomposición de hojas y madera, a la formación de suelo, a la purificación del agua y a la captura de carbono. Los insectos separan y consumen los desechos naturales, como los excrementos, la biomasa y los cadáveres. Polinizan mil doscientos cultivos y ciento ochenta mil especies de plantas. Alimentan a peces, aves, pangolines, reptiles y murciélagos. Y es cierto que pueden convertirse en plagas, transmitir enfermedades, devorar cosechas y volverte loco por la noche, zumbando alrededor de tu cabeza antes de darse un festín con tu sangre, pero, a pesar de las comprensibles aversiones que suscitan, proteger el hábitat de los insectos es esencial para la supervivencia de decenas de miles de millones de aves, reptiles, peces y mamíferos, e indispensable para los ecosistemas.

La relativa estabilidad climática de la que todavía disfrutamos se debe a los bosques, los pantanos, las praderas, las ciénagas, los prados, los deltas, las dehesas, la taiga, los arrecifes de coral, los manglares, las marismas salobres y la tundra. Estos sistemas extraen de la atmósfera y almacenan anualmente miles de millones de toneladas de carbono. Los insectos dependen de ellos, y viceversa. Los ecosistemas son amortiguadores, reservas biológicas que contienen tres mil millones de toneladas de carbono por encima y por debajo del suelo, cuatro veces más carbono del que existe en la atmósfera. Sin escarabajos, mariposas y demás insectos, los ecosistemas se estancan, se encogen, se apagan, se marchitan, se transforman en una papilla y perecen. De esta dinámica potencialmente catastrófica es fácil desentenderse, porque no se puede ver. Los científicos que estudian los sistemas terrestres creen que la crisis de los insectos plantea a la humanidad una amenaza tan seria como la del cambio climático.

Resulta notable que el desplome de los insectos lo detectaran unos científicos que dedicaban los fines de semana a trabajar como entomólogos aficionados. Los científicos hacen descubrimientos que pueden sorprender al lego. En este caso, los legos sorprendieron al científico. La Sociedad Entomológica de Krefeld, radicada en Alemania y cuyos miembros eran aficionados, realizó un estudio que sacudió a la comunidad entomológica mundial. Esta sociedad mantenía desde 1905 unos meticulosos registros, y en las mismas reservas naturales de Renania del Norte-Westfalia había recolectado cerca de un millón de insectos. En la década del 2000 identificaron sorprendentes disminuciones de biomasa en las trampas utilizadas para capturar insectos voladores. Desde 1989 hasta el 2016, la biomasa medible de insectos voladores se redujo un 76 %. Publicaron sus datos por primea vez en el 2013, y más adelante los medios de comunicación se refirieron a ellos como el «apocalipsis de los insectos». La noticia se difundió y científicos de todo el mundo confirmaron sus hallazgos.

Este decrecimiento no necesitaba de la ciencia para salir a la luz. Las regiones agrícolas de todo el mundo están siendo testigos del desplome de los insectos. Cuando yo era joven, las farolas de la calle eran asediadas por nubes de mariposas nocturnas –mariposas negras, polillas medidoras, noctuidos, hespéridos y mariposas *Junonia coenia*–, pero ya no es así. Crecí en el valle de San Joaquín, en California, de agricultura floreciente. Tras conducir unas horas por la noche, mi tío detenía el automóvil, sacaba un raspador de hielo metálico y eliminaba del parabrisas la proteína de insecto que lo embadurnaba. Pegado a la rejilla del radiador había todo un zoo: saltamontes, alas de cristal, caballitos del diablo, abejorros, plecópteros, macaones y polillas punta de gancho. Los insectos eran tan abundantes que en la rejilla del coche se colocaba una malla metálica para que los radiadores no se sobrecalentaran. Unas décadas después recorrí las mismas carreteras con el parabrisas limpio. El «efecto parabrisas» se observa en todo el mundo. Las aves están en declive porque los insectos constituyen el 96 % de su alimentación. El futuro de los insectos, las aves y la humanidad está en manos del sistema alimentario agrícola, porque es el que vierte más sustancias químicas venenosas en la tierra, el aire y el agua. Las investigaciones sobre los insectos se centran fundamentalmente en las distintas maneras de matarlos.

Los pesticidas y la abundancia de alimento se promovieron como un cálculo sencillo. Los agroquímicos prometieron a los agricultores cosechas superiores si utilizaban las toxinas adecuadas. Las tierras de cultivo se convirtieron en depósitos de diecisiete mil tipos de pesticidas, herbicidas y fungicidas. Los herbicidas Paraquat, Dicamba y glifosato destruyen hierbas y hierbajos indeseados. El bromuro de metilo, los organofosfatos y la cloropicrina se emplean para fumigar el suelo. Es probable que en Estados Unidos un tarro de compota de manzana para niños contenga acetamiprida, fenpropatrina, carbendazima y unos dieciséis pesticidas más. Los insecticidas más nocivos entre los que hoy se usan en la agricultura son los neonicotinoides, inventados para sustituir la mórbida toxicidad de otros pesticidas. Estas sustancias se unen a las células nerviosas de los insectos y les causan parálisis y la muerte.

La acetamiprida, el compuesto químico dominante en la compota de manzana, es un neonicotinoide. Cuando se usa como revestimiento de semillas, el 5 % va al cultivo y el 95 % restante al suelo, las raíces, las hierbas, los arroyos y los ríos, donde permanece entre cinco y seis años. Los insectos perecen cuando mordisquean o polinizan plantas que han absorbido neonicotinoides del suelo o del agua. Casi el 75 % de las plantas con flores dependen de polinizadores, y 87 de los 115 cultivos alimentarios más importantes dependen de una comunidad de polinizadores que está en declive. Se trata de una transacción perversa: los agricultores son adictos a un insecticida que acabará por destruir la agricultura. La mortalidad va más allá de los polinizadores. Los pesticidas exterminan colémbolos, hongos, escarabajos, hormigas, ácaros, pececillos de cobre, sínfilos y otros organismos del suelo. La vida del suelo y de los polinizadores está en manos de las empresas químicas. El ciudadano medio no tiene voz ni voto.

Los insectos también desaparecen debido a la deforestación, la pérdida de humedales, la escasez de flores silvestres y, en el caso del Reino Unido, la demolición de ciento veinte mil kilómetros de setos vivos, fomentada activamente por el Gobierno. Las poblaciones de aves en las tierras de cultivo europeas se han reducido a la mitad a causa de la pérdida de insectos. Las aves que se alimentan de ellos, como los vencejos, los aguzanieves y las bisbitas, así como decenas de otras especies que en otro tiempo fueron comunes, están en peligro. La pirámide alimentaria descansa sólida e irrevocablemente sobre una sola base: los insectos.

En 1958, Mao Zedong ordenó al pueblo chino que participara en la Campaña de las Cuatro Plagas, con el objetivo de eliminar ratas, mosquitos, moscas y gorriones, poniendo así de relieve su ignorancia de los ecosistemas de insectos. China sufría escasez crónica de grano, y los gorriones se consideraban parte de la causa. Según cálculos oficiales, un gorrión podía comer entre novecientos y mil ochocientos gramos al año. La gente se movilizó para participar en la Campaña de las Cuatro Plagas con absoluta conformidad, como solo podía suceder bajo un régimen comunista draconiano. Se emplearon todos los medios conocidos para hostigar y matar a los gorriones. Se destruyeron sus nidos, se abatieron bandadas en vuelo y se tocaron tambores en vastas zonas para asustarlos y que no osaran posarse en tierra, hasta que caían del cielo muertos de agotamiento. Decenas de millones de gorriones perecieron como parte del Gran Salto Adelante. La población de gorriones fue prácticamente eliminada. En 1960, el ornitólogo chino Tso-hsin Cheng explicó a los asesores de Mao que los gorriones comían insectos, especialmente en verano. Pero ya era demasiado tarde. Los gorriones se alimentan de semillas, y el grano es una semilla. También comen langostas para proteger su fuente de alimento. En otras palabras, los gorriones eran los aliados de los campesinos chinos. Ese mismo año, libre de depredadores, la población de langostas se disparó. Junto con el mal tiempo, la producción de grano se vino abajo y desencadenó una hambruna de consecuencias espantosas. Se calcula que entre 45 y 78 millones de personas murieron de hambre. La cifra total de muertos en la Segunda Guerra Mundial fue de 55 millones. Hubo canibalismo, apaleamientos, delincuencia y asesinatos. Aquella carnicería y sus secuelas siguen siendo tabú en China, y a los estudiantes chinos no se les explica lo que sucedió. A fin de rehabilitar la ecología avícola, China importó doscientos cincuenta mil gorriones de la Unión Soviética.

En cuanto al planeta Tierra, todos somos aficionados, como la Sociedad Entomológica de Krefeld, cuyos miembros no son entomólogos, sino sacerdotes, maestros de escuela, técnicos y entusiastas. La palabra francesa *amateur* significa «el que ama». En todo el mundo, millares de organizaciones de *amateurs* que aman el mundo natural están actuando de maneras diversas, rigurosas y prácticas para devolver a los insectos sus hábitats y detener su envenenamiento y destrucción. La respuesta constructiva para restaurar las poblaciones de insectos consiste en plantar muchos vegetales con flores, variados, coloridos y comestibles, que cambien los ecosistemas de las tierras de cultivo. A los agricultores convencionales les sorprende que estas técnicas logren que los campos sean más resistentes, rentables y autosuficientes. La doctora Stefanie Christmann, botánica que trabaja directamente con agricultores de todo el mundo, aboga por restaurar la diversidad agrícola. La primera vez que, desde el estrado de un congreso internacional de agricultura, propuso enriquecer y diversificar las explotaciones agrícolas con franjas de pradera en las que hubiera hierbas silvestres, setos vivos y márgenes fragantes con flores, frutos, bayas, semillas oleaginosas y árboles, tuvo que soportar las risas del auditorio. Desde entonces sus técnicas han aumentado eficazmente el número de polinizadores y la cantidad y calidad de las cosechas. En zonas semiáridas, que son su especialidad, la producción de legumbres y verduras se incrementó del 177 % al 561 % con menos parásitos, áfidos y pulgones. En las explotaciones con cultivos en hilera, la técnica difiere. La cuarta parte de los campos de maíz, soja y trigo se dedica a cultivos con flores, como la colza. El vallado perimetral es muy similar al de los setos ingleses: una franja silvestre de grosellas, zarzamoras, romero, salvia, madreselva, hayas, flores y manzanos silvestres.

Los propietarios de casas están cambiando las especies plantadas en sus jardines delantero y trasero para nutrir a las abejas y las mariposas diurnas y nocturnas. En las ciudades, las medianas de las avenidas se utilizan como corredores para los polinizadores hasta más allá de los límites urbanos. Los insectos son como nosotros: quieren estar seguros. Mediante la conexión de corredores para polinizadores, los insectos pueden evitar las pulverizaciones venenosas y las tierras contaminadas por el herbicida Roundup. Los agricultores están plantando franjas de pradera en tierras de cultivo, restaurando las zonas de amortiguamiento ribereñas, eliminando especies invasoras y sembrando cultivos de cobertura que comprenden docenas de variedades de plantas para regenerar la diversidad de los insectos. Hay voluntarios que introducen algodoncillo, plantas nativas y flores silvestres en los márgenes, los recintos escolares y los arcenes. Los docentes aleccionan a los escolares sobre los insectos.

Hay fotógrafos que publican en las redes sus mejores retratos de insectos.

Los seres pequeños mueven el mundo mediante su intrincada interacción con los sistemas vivos. La «emergencia climática» no es una denominación errónea. La raíz de la palabra *emergencia* significa la «acción de levantarse y sacar a la luz». Como mencioné al comienzo de este libro, el calentamiento global es una enseñanza, un ofrecimiento, una guía. También lo es el declive de los insectos. Los invertebrados que desaparecen con sus inestimables alas, cuernos, pinzas, cestos para el polen, tórax, mandíbulas y antenas sacan a la luz algo que se ignoraba: que la vida existe libremente en el mundo, pero que si queremos progresar no podemos disponer de ella a nuestro antojo. Si te es posible, deja de cortar el césped del jardín, pues ahí crece el algodoncillo, que es tanto el alimento como el lugar en el que nacen las mariposas monarcas. Y las luciérnagas hembra se aferran al hábitat inalterado de hierbas altas y húmedas, y ofrecen sus abdómenes brillantes a los machos, que emiten destellos a modo de respuesta.

Capítulo 12

Primigenio

Para mí, la puerta de entrada al bosque es la puerta del templo.

MARY OLIVER

Los bosques precedieron en cientos de millones de años a la presencia humana en el planeta. Los boscajes, los bosques palustres y las junglas eran salvajes y constituían complejos bastiones de vida vegetal y animal. Hace más de trescientos millones de años, los parientes de las libélulas actuales, que tenían el tamaño de gaviotas, zumbaban por los corredores de los bosques prehistóricos mientras escorpiones de un metro de largo y milpiés de dos metros y medio que masticaban frondas de helecho cazaban bajo el dosel arbóreo. Los helechos y los licopodios de bajo crecimiento que hoy encontramos en los viveros de jardinería descienden de unos árboles que medían entre cuarenta y cincuenta y cinco metros de altura. Ecosistemas de lo más extravagantes acumularon biomasa durante miles de millones de años. Debido a la falta de hongos y microbios que descompusieran la fibra de la madera, se acumularon gigantescas turberas que, en el transcurso de millones de años, el calor y la presión transformaron en carbón. La ubicación de grandes depósitos de carbón revela los lugares que albergaban los bosques palustres más prolíficos. Norteamérica es la parte del mundo con más reservas de carbón, principalmente en Montana, Illinois, Virginia Occidental, Kentucky y Wyoming. La vegetación original, el calor y la edad determinan si el carbón es lignito, pardo y blando, o antracita, negra y lustrosa.

Los bosques comprenden el 80 % de toda la biomasa terrestre. Unos tres billones de árboles ocupan un tercio de la cubierta vegetal terrestre y retienen más de la mitad del carbono orgánico. Hoy los bosques están cambiando a una velocidad como no se conocía desde que el meteorito Chicxulub impactó en la península de Yucatán hace 66 millones de años. Una roca del tamaño del monte Everest chocó con el planeta cuando viajaba a 65 000 kilómetros por hora. La súbita compresión del aire hizo que la temperatura alcanzara valores superiores a los de la superficie solar. Sectores de la Tierra estallaron y salieron despedidos hacia el espacio. Se dice que podría haber huesos de dinosaurio diseminados por la Luna. Nubes de polvo, ciclones de cenizas y lluvias de vidrio envolvieron la Tierra debido a la ruptura masiva del manto en el lugar de la colisión, un cráter de más de treinta kilómetros de profundidad y casi cien de anchura. En muchas regiones se hizo una oscuridad total que duró dos años. Sin la fotosíntesis, el 75 % de los vegetales perecieron. La dinastía de los dinosaurios, que había durado 180 millones de años, llegó a su fin. Jay Melosh, de la Universidad Purdue, ha modelado la magnitud del cráter que abrió el Chicxulub, y cree que la inmensa mayoría de los animales perecieron, muchos de ellos incinerados al instante. Las plantas florales con semillas latentes emergieron varios años después, cuando se disiparon las nubes que causaban la oscuridad.

Hoy en día, los bosques no mueren a causa de un solo acontecimiento. Las pérdidas se deben al fuego, la minería, las carreteras, el cultivo de aceite de palma, la explotación forestal y la erradicación de los habitantes indígenas y los animales nativos, a un ritmo general de desintegración como no se conocía desde el impacto del meteorito. Tenemos un sesgo cognitivo que nos hace considerar las plantas y los árboles como seres inferiores a otras formas de vida. Según Sarah Kaplan, esto tiene como consecuencia que se dediquen menos recursos a «los organismos que suministran el oxígeno de la Tierra, alimentan a sus animales y almacenan más carbono del que la humanidad emitirá en diez años». Uno de cada seis árboles, los organismos más grandes y longevos del planeta, se enfrenta a la extinción, incluida la secuoya de la costa californiana, el árbol más alto del mundo. El botánico Murphy Westwood, del Morton Arboretum de Illinois, se lamenta: «Estamos perdiendo especies antes incluso de que las hayamos descrito».

En vez de desarrollar modelos informáticos complejos para evaluar futuros impactos climáticos, yo preferiría saber más sobre las eras precedentes, cuando las «masas verdes» avanzaban hacia el norte como lo están haciendo ahora, en un período de calentamiento que excedía los niveles actuales, y tener así un atisbo de nuestro devenir. ¿Cómo era la Tierra? ¿Qué especies se beneficiaban y cuáles no? ¿Qué formas de vida migraron y colonizaron el hemisferio norte? Durante el período eemiense, hace entre 115 000 y 130 000 años, el hemisferio norte se volvió semitropical. La causa no fue el incremento del carbono atmosférico, un hecho pregonado por muchos negacionistas del cambio climático, pues los niveles de carbono eran más o menos los mismos que al comienzo de la era industrial, de 280 partes por millón. Más que un hecho relacionado con el gas de efecto invernadero, fue consecuencia del bamboleo terrestre.

El eje de la Tierra se inclina en un ciclo de cien mil años que recibe el nombre de su descubridor, el científico serbio Milutin Milanković. Diversos ciclos afectan al planeta y a nuestra vida personal: las estaciones del año, las migraciones, los ritmos circadianos, la Luna, las rotaciones de las cosechas e incluso los ritmos musicales. El ciclo de Milanković es el mayor de todos, una inclinación axial alargada hacia el Sol y lejos de él, lo cual hace que el hielo polar se expanda y desaparezca, una versión de nuestras estaciones que dura cien mil años y un certero predictor del clima a largo plazo. Los períodos de calentamiento, que duran unos quince mil años, se denominan «interglaciares». En los últimos diez mil años hemos atravesado uno de ellos. El período interglaciar anterior fue el Eemiense, así llamado por el río Eem de los Países Bajos. En semilleros excavados junto al río se encontraron moluscos claramente distintos de los del mar del Norte. Tenían unos 118 000 años de antigüedad.

En el 2004 me invitaron a visitar una estación científica ártica, en el norte de Groenlandia, donde residían climatólogos de catorce países. La única manera de llegar era por vía aérea. Volé desde Kangerlussuaq, en el sudoeste de la isla, hasta la estación científica North Greenland Eemian Ice Drilling [Perforación de Hielo Eemiense en el Norte de Groenlandia] (NEEM) en un avión C-130 Hércules pilotado y tripulado por la 109.ª Ala de Transporte Aéreo de la Guardia Nacional Aérea de Nueva York, establecida en Scotia, en el estado de Nueva York. La avanzada se encuentra en el Parque Nacional de Groenlandia del Nordeste, al sudeste del glaciar Petermann. Un mes antes, 260 kilómetros cuadrados del área del glaciar, que tiene 69 kilómetros de longitud, se habían desprendido y habían dado lugar a la isla de hielo Petermann. La instalación científica era la más lejana que yo visitaba desde un asentamiento humano en tierra.

El piloto conocía bien la zona: «El artefacto humano más próximo a nuestra ubicación podría ser un envoltorio de caramelo a doscientos cincuenta kilómetros de distancia». Viajaban a bordo la princesa heredera de Suecia y los príncipes herederos de Noruega y de Dinamarca –Victoria, Haakon y Frederick, por este orden–, realeza nórdica que se había desplazado hasta allí para tener una comprensión realista de aquello a lo que se enfrentaban sus países en un mundo que se calienta. Podría parecer que los glaciares, el hielo y la nieve en el extremo norte amortiguan el rápido cambio climático, pero sucede lo opuesto. Se prevé que el aumento de la temperatura en las lejanas latitudes septentrional y meridional será tres veces mayor que en las zonas templadas.

Aterrizamos en un entorno casi absolutamente blanco. Bajo la nieve cegadora, el personal se acercó para saludar a sus regios invitados, y supongo que les haría igualmente felices ver la saca de correo que les habían traído. En el 2007, la estación ártica empezó a perforar la capa de hielo para extraer muestras con una antigüedad de entre 115 000 y 130 000 años. En esa época, Groenlandia estaba entre tres y cinco grados más caliente, no lejos de la predicción de un aumento de la temperatura de dos a cuatro grados en las próximas décadas. Lo ocurrido en el período eemiense está sucediendo de nuevo, pero no a cámara lenta. El punto de perforación fue seleccionado por la edad del hielo, su profundidad y sus características, 2542 metros de roca firme. Mientras observaba los cilindros de hielo que surgían del barril de perforación accionado con diésel en la cueva de investigación subterránea, podía ver que los precedía un líquido lechoso, blanco y humeante que me evocó una película de terror y ciencia ficción de mi infancia, *El enigma de otro mundo*, que vi cuando tenía siete años. Unos científicos que perforaban a gran profundidad en el hielo ártico revientan por accidente una nave espacial alienígena y, en consecuencia, liberan a un siniestro extraterrestre al que no le gustan los científicos. Allí, en Groenlandia, el «bicho» resultó ser el lubricante de aceite de coco sobrecalentado que utilizan en sustitución de aceites minerales porque estos contaminan los datos. Las muestras revelaron temperaturas del pasado, impurezas en la atmósfera, burbujas de gas de la atmósfera actual y material biológico, como polen. El polen y los isótopos de hidrógeno y oxígeno encontrados en las muestras atestiguaban quince mil años de calor fuera de lo común. Globalmente, los niveles marinos tenían una altura de casi cinco metros, y las temperaturas en Alaska y el norte de Europa eran entre cuatro y cinco grados más altas. Los hipopótamos se revolcaban en el delta del Támesis, y en Alemania los leones de las cavernas se daban un festín de elefantes de colmillos rectos.

Los cambios en la flora y la fauna durante el período eemiense se produjeron a lo largo de milenios, pero los cambios atmosféricos que actualmente se predicen ocurrirán en cuestión de décadas. A fin de contrarrestar el rápido aumento de las emisiones de carbono, hay propuestas de plantar un billón de árboles para reducir una porción de nuestro historial como emisores de carbono. Esta posibilidad es especialmente popular entre las empresas que prefieren no reducir por ahora sus emisiones. Las propuestas de plantar enormes cantidades de árboles vienen acompañadas de porcentajes de emisiones pasadas que se podrían compensar en el futuro. Sus partidarios calculan que medio billón de árboles podrían capturar el 25 % de las emisiones globales. Lo que no suele mencionarse en las predicciones es la escala temporal. La captura de carbono se conseguiría dentro de muchas décadas. Sobre el papel, plantar árboles tiene muchos beneficios, pero en realidad no es así. Tales proyectos, en general, no contemplan consultar ni colaborar con los propietarios tradicionales de la tierra en la que los árboles serán plantados.

Ninguna empresa industrial puede conseguir la «virginidad climática» cubriendo el suelo de plantones de pino. En la comunidad científica hay voces más sensatas. La naturaleza no planta árboles, sino que desarrolla bosques, comunidades resistentes de árboles, plantas y animales. Las emisiones de carbono de la humanidad son de unos 11 000 millones de toneladas anuales. No obstante, el incremento anual neto de carbono elemental en la atmósfera es de 5400 millones de toneladas, porque la tierra, la vegetación y los océanos capturan 5800 millones. Los bosques capturan la cantidad más grande de dióxido de carbono en la superficie terrestre, y los bosques maduros y primarios existentes son los responsables de la mayor parte de esta labor. Hasta hace poco se suponía que los árboles más viejos de los bosques antiguos capturaban carbono marginalmente o no lo hacían en absoluto, pero resulta que ocurre lo contrario. Hacia el final de sus largas vidas, los bosques primigenios acumulan cantidades importantes de carbono. Plantar árboles en terrenos yermos es como alimentar a un pájaro en una jaula. Los bosques tienen profundas conexiones micológicas y relaciones simbióticas con suelos ricos en hongos que funcionan como si fueran la otra mitad de los árboles. Sin una comunidad subterránea viviente, las plantaciones de árboles no capturan el carbono de manera efectiva. Proteger los bosques existentes tendría mucho más impacto desde la actualidad hasta el 2100 que plantar nuevos bosques.

Los ecosistemas terrestres más importantes para el carbono son los cinco megabosques del planeta: los bosques boreales de Canadá y la taiga rusa; la Amazonia; la cuenca del Congo; Papúa Nueva Guinea; e Indonesia, incluida

Borneo. La diversidad cultural fomenta la capacidad que tienen los megabosques de almacenar y recibir carbono. En Nueva Guinea se hablan más de mil idiomas; en la Amazonia, 300; en Indonesia, 653, y en Borneo, 170, la mayor parte de los cuales contienen enseñanzas, relatos y conocimientos acerca de cómo vivir en el interior de los bosques y mantenerlos. El pueblo momo de Nueva Guinea Occidental se originó hace cincuenta mil años por lo menos. Los bosques donde viven permanecieron intactos hasta fecha reciente. Las porciones de megabosque sin solución de continuidad resultan de linajes culturales que consideran el bosque como su familia. El parentesco comporta obligaciones, lealtad y respeto.

Los megabosques se caracterizan por carecer de carreteras. El biólogo Tom Lovejoy, que acuñó el término «diversidad biológica», llevó a cabo una investigación pionera en la Amazonia. Reveló cómo a la fragmentación del bosque causada por las carreteras y los desmontes para pastos le seguía una reducción drástica de la diversidad de especies y la salud del bosque. Lovejoy emprendió la tarea de determinar el tamaño de terreno mínimo crítico para mantener la diversidad ecológica. Existía por entonces un debate sobre si era posible proteger la biodiversidad conservando varias áreas más pequeñas, o bien si la protección requería paisajes vastos y sin solución de continuidad. Su investigación demostró que indiscutiblemente ocurría lo segundo. Los bosques intactos tienen temperaturas más frescas, producen lluvia, amplían la diversidad y ofrecen una mayor abundancia a sus habitantes. Las zonas boscosas fragmentadas son más secas, los árboles están sometidos a vientos más fuertes, los incendios son más probables y los colonos pueden dividir el terreno en parcelas de subsistencia, lo que supone la desaparición de muchas especies. La facilidad de acceso hace que se dé caza, por su carne, a animales esenciales para dispersar semillas indigeribles, como los tapires y los agutíes.

En los bosques no hay nada permanente; todo viene y se va. A lo largo de tres millones de años, el planeta ha oscilado con una cadencia de cien mil años, alternando eras de glaciación y de calentamiento. Durante los períodos de calentamiento, los árboles se desplazan hacia el norte, mientras que durante las eras glaciales retroceden. Ben Rawlence lo explica así: «La fotografía secuencial del tiempo geológico mostraría una capa de hielo descendiendo y retirándose conforme a una pauta rítmica, y una masa verde de bosque avanzando hacia el polo norte y retrocediendo de nuevo, en un movimiento como el de la respiración». Esa masa verde está formada por comunidades de pinos, alerces, píceas, abetos, arbustos, musgo y líquenes que crean misteriosos hábitats repletos de cenagales, pantanos y turberas, humedales árticos poblados de árboles achaparrados cubiertos por doseles de liquen negro.

Los megabosques son los lugares más agrestes que existen y los más diversos en cuanto a las especies que los habitan. La taiga norteamericana es la mayor extensión ininterrumpida de bosques, turberas y humedales contiguos, entrelazados por arroyos, ríos, lagos y estanques, en una superficie que se aproxima a los quinientos millones de hectáreas. De uno a tres mil millones de aves migran a la taiga norteamericana, su refugio estival, desde puntos tan lejanos como la Patagonia. En otoño, de tres a cinco mil millones de aves y sus crías emprenden el vuelo de regreso a los lugares de invernada. Entre ellas están las que vemos en los jardines traseros, parques, campos y bosques: currucas, gorriones, patos, ampelis y cuervos, además de especies en peligro de extinción como las cuatrocientas grullas trompeteras que quedan.

La taiga es la guarida de lobos, osos pardos, bisontes de montaña, caribúes, alces y una profusión de pequeños mamíferos carnívoros: linces, garduñas, visones, armiños, martas cibelinas, glotones, tejones y comadrejas. Los veranos son frescos y cortos; los inviernos, largos y fríos. En muchas zonas, los suelos son delgados, arenosos y tóxicamente ácidos, debido a la constante sedimentación de pinaza, resinas, aceites y sustancias químicas de los árboles. Allí donde penetra la luz hay lugares de cuento de hadas con frambuesas salmón, arándanos y grosellas rojas y negras. En charcas y ciénagas, droseras carnívoras y plantas odre atrapan y digieren arañas e insectos desprevenidos.

Las coníferas que dominan la taiga son de un verde oscuro para maximizar la absorción de luz. Forman perfectos conos piramidales para desprenderse de la pesada nieve invernal, y sus agujas producen resinas anticongelantes. La taiga tiene la densidad de carbono más elevada del planeta; alberga más carbono subterráneo del que poseen los bosques tropicales intactos por encima del suelo. Las condiciones húmedas y frías de la taiga prolongan la decadencia y crean turberas y pantanos. Cuando se procede a la tala, incluida la modalidad de tala rasa, la perturbación seca el suelo, que libera emisiones de carbono mayores que la pérdida de los árboles. Si desapareciera la mitad de la taiga y su reserva de carbono, el dióxido de carbono en la atmósfera alcanzaría 600 partes por millón, frente a las 425 que se registran en el momento en que escribo estas líneas.

En Canadá, Escandinavia y Rusia, la taiga es el hogar de más de seiscientas comunidades indígenas que conocen mejor que nadie la tierra, los bosques y las aguas. En la latitud boreal hay más carbón bajo los lagos, en el interior de los bosques y a lo largo y ancho de las turberas que en la atmósfera. Hoy, la taiga de Canadá se está fragmentando por la minería y la silvicultura industrial. Ciertas empresas destruyen pinos para fabricar papel higiénico. Zoë Schlanger ha escrito: «¿Qué necesitó ese árbol para vivir tantos años, producir miles de hojas cada primavera, almacenar azúcares para el invierno, convertir la luz y el agua en capas y más capas de madera? Es difícil subestimar el drama de ser un árbol o cualquier planta. Cada una de ellas es una inimaginable hazaña de suerte e ingenio. Una vez que sabes eso, ya no puedes ignorarlo. Una nueva perspectiva moral ha ensanchado tu mente».

En su libro *Ever Green* [Siempre verde], John Reid y Thomas Lovejoy describen la dimensión biológica de los bosques primarios: «Tienen depredación, polinización, dispersión de semillas y procreación, y todo ello se produce naturalmente y en abundancia. Tienen tropas, colonias, manadas y órdenes jerárquicos: microfauna, megafauna, migrantes intrépidos y residentes atrincherados. Las águilas arpías comen monos araña, los osos pardos comen salmón. Las serpientes arborícolas comen ranas arborícolas, las plantas odre comen hormigas y las hormigas cultivan hongos». A los megabosques tropicales se los llamó en otro tiempo *junglas*, palabra derivada del hindi *jangal*, que hace referencia a un bosque impenetrable, inadecuado para los seres humanos y que requiere una intensa y competitiva lucha por la supervivencia. Hoy en día los bosques tropicales se representan como antiguos entornos con peligros naturales, serpientes venenosas, depredadores al acecho y suelos delgados. Por el contrario, los habitantes de los bosques tropicales, como los achuares, creen que en el pasado llevaban una vida menos estresante que la de otros pueblos del planeta. Ahora su estrés se debe a las incursiones y la destrucción de sus antiguos hogares ancestrales a manos de la minería, las perforaciones, la agricultura, las presas y la tala de árboles.

Proteger los megabosques es de cinco a siete veces menos costoso que reducir las emisiones o plantar bosques nuevos. En otras palabras, ser eficaces con respecto a la atmósfera y el mundo viviente es lo menos caro. Sin embargo, eso sería tan solo una medida del coste, una manera colonial de considerar el valor de los megabosques. Una visión inclusiva se extiende directamente a la cultura. Durante milenios, los seres humanos progresaron en estos entornos. África cuenta con una sexta parte de los bosques del planeta, y el 70 % de su población depende de los bosques para sus medios de vida y su sustento. Los habitantes indígenas han modificado constantemente el paisaje de las zonas tropicales y creado granjas de bosque silvestre. Norman Myers, profesor de Oxford y afamado conservacionista británico, ha contado que visitó las selvas tropicales de las tierras bajas que rodean Borneo porque deseaba ver «un bosque virgen, intocado». Borneo es la tercera isla más grande del mundo (su tamaño dobla el de Alemania). Se calcula que allí los bosques tropicales con árboles de hoja ancha contienen quince mil especies de plantas, más que toda África. Hay agrupaciones de altísimos dipterocarpos, incluyendo ébano, palo de hierro e higuera estranguladora. En compañía de un etnobotánico, Myers se adentró en la espesura para ver el aspecto que tenía un bosque de cuarenta mil años de antigüedad. Se detuvieron en lo más profundo y permanecieron horas en el lugar, trazando lentamente un círculo mientras el botánico identificaba los árboles, arbustos y enredaderas que aparecían a su paso. Al finalizar la jornada, estaba claro que aquella extraordinaria diversidad no era un bosque antiguo e intocado. Vieron el resultado de las interacciones de los pueblos indígenas que habían tenido allí su hogar durante miles de años. Cuando los árboles de gran altura, cuyo peso es de unas treinta toneladas, mueren de viejos y caen al suelo del bosque, derriban en su caída a otros árboles y, como resultado, franjas de luz solar inundan la zona. En esos claros, los indígenas plantan semillas y esquejes que proporcionarán las fibras, la madera, las medicinas y los alimentos necesarios para el futuro. Como dicen Reid y Lovejoy en su libro: «Para que la humanidad moderna conserve los megabosques y, con ellos, el único planeta del que sabemos que tiene bosques, del tipo que sean, debemos ocuparnos del mundo como si fuese parte de nuestra familia. Se impone que utilicemos una gramática en la que sujeto y objeto, la gente y todo lo demás, sean lo mismo. En un sentido material y evolutivo, lo son absolutamente».

Capítulo 13

Tierra oscura

Cuando estás de pie en el suelo, estás de pie en el techo de otro mundo.

JILL CLAPPERTON

El sistema vivo más complejo de la Tierra se encuentra bajo nuestros pies. Los suelos oscuros, gris pizarra y sepia contienen enmarañadas colecciones de incontables formas de vida, la mayoría de las cuales la ciencia no es capaz de identificar ni ha visto jamás. Esa intrincada matriz de marga, arcilla, limo y suelo franco alimenta y compone la interminable complejidad de nuestro mundo. El suelo es un artefacto de un linaje que se remonta a millones de años, formado por hongos, microbios, insectos y minerales, una rica mezcla de elementos que orquestan los ciclos de la vida desde la descomposición hasta la sintiencia. Describir el mundo subterráneo del suelo requiere un lenguaje a medio camino entre la ciencia y la poesía. ¿Cómo es posible que un terrón albergue maravillas? ¿Cómo es posible que una cucharadita de tierra contenga más de nueve kilómetros de micelios? La ciencia puede analizar y secuenciar organismos encontrados en el suelo, pero es incapaz de fabricar suelo. Los seres humanos pueden crear las condiciones que engendran suelos negros fértiles, y así lo han hecho durante miles de años. Sin embargo, solo los habitantes del suelo crean suelo. Millones de años de coevolución residen en el interior de la tierra y encima de ella, y constituyen, como dice Peter McCoy, la «piel del mundo, tatuada con el legado de sus habitantes». Hay un movimiento creciente para devolver su carácter silvestre a los ecosistemas, traer de vuelta especies perdidas y recuperar otras en declive. El suelo es el organismo más silvestre de todos. A menos que insuflemos de nuevo vida en la tierra, el tejido de la vida fracasará. Y, a la inversa, el suelo se atrofiará y perecerá sin la miríada de criaturas que lo crean.

Miles de millones de microbios y hongos de una complejidad indescifrable habitan en el suelo. Cuando se llevan al laboratorio para su cultivo, la mayoría de los microbios perecen antes de que puedan identificarse. Los hongos del suelo forman vastas redes laberínticas que es imposible analizar cuando se dividen en fragmentos microscópicos. Los núcleos fúngicos sueltos flotan solitarios en tubos de una célula de espesor. ¿Cómo estudiar un sistema en el que no hay individuos? La interacción entre microbios, hongos, plantas, raíces e insectos constituye un mundo del que depende la humanidad. La ciencia está acostumbrada a comprender el todo mediante el análisis de los componentes. En el caso del suelo, más bien ocurre al revés: para comprender lo que está sucediendo ahí abajo, el manto vivo de la Tierra requiere una visión global. El término *Madre Tierra* no se acuñó por bondad sentimental, sino para expresar la verdad primordial del origen de la vida.

El 90 % de los insectos y los seres invertebrados pasan algún tiempo o la mayor parte de su vida sobre el suelo o en su interior. En general les hacemos caso omiso, a menos que nos afecten, como sucede con las termitas. Los insectos engullen hojas, raíces, hongos y congéneres, y entretanto fertilizan el suelo con sus excreciones. Su actividad beneficia al suelo, pero no a todos los cultivos alimentarios. Las abejas excavadoras crían a sus familias en un suelo bien drenado en el que almacenan néctar y flores. Las cigarras de ojos brillantes, con sus alas amarillas y sus cuerpos bulbosos y verdes, pueden permanecer ocultas entre las raíces de los árboles durante veinticinco años. Entre sus vecinos figuran saltamontes de cabeza cónica, dardos de jardín, ácaros del musgo, avispas alfareras, mordedores de verrugas, colémbolos, cochinillas, milpiés crestados, mariquitas de hombros amarillos y escarabajos sanjuaneros, entre otros.

El 95 % de los insectos son beneficiosos para el suelo y las plantas. Diversas especies de escarabajos son muy valiosas, pues se alimentan de parásitos, como las larvas de los minadores de las hojas, los gusanos cortadores y los áfidos, y comen las semillas de las malas hierbas. Según la estación, varían su dieta alternando la ingesta de insectos con la de semillas, de modo que establecen controles biológicos de parásitos. Esto convierte a los escarabajos en los mejores amigos del agricultor. A cambio, algunos agricultores crean en sus campos franjas de hierba alta, llamadas «bancos de escarabajos», donde los insectos estén a salvo de la depredación y puedan invernar con alimento y abrigo.

Si hay una heroína en el suelo, sin duda es la lombriz de tierra. Se desliza y, durante las veinticuatro horas del día, come raíces putrefactas, hojas, estiércol, nematodos, bacterias, microbios y hongos. Lo que expulsa el aparato digestivo de «los más grandes alquimistas del planeta» es el vermicompost, o humus de lombriz, considerado el principal fertilizante del mundo. Sus excreciones contienen minerales, enzimas, microbios y nutrientes biodisponibles para las raíces de las plantas. La arqueóloga Nicole Masters ha escrito: «El vermicompost mejora la germinación de las semillas, la salud de las plantas y la producción, superando con creces las expectativas que despiertan los fertilizantes sintéticos, y todo ello a mucho menos coste para los productores y el medio ambiente. Algunas variedades actúan sobre la capa superior del suelo, mientras que otras lo hacen por debajo. Los gusanos anécicos descienden a dos metros y traen minerales a la superficie, para después depositar material orgánico en el fondo».

Charles Darwin fue el primero en llamar la atención de la comunidad científica sobre las lombrices de tierra como especie clave. A pesar de la avalancha de burlas, abogó por los atributos de estos gusanos, afirmando rotundamente que ninguna otra especie «ha jugado un papel tan importante en la historia del mundo como esas criaturas poco organizadas». Aunque se había especializado en Geología, Darwin observó con perspicacia que las especies evolucionan adaptándose a su entorno, en vez de estar fijadas rígidamente a una forma y función, como sostenía el dogma religioso. El geólogo Charles Lyell amplió el alcance de la evolución al mostrar de qué manera los cambios geológicos se ven modelados por causas naturales a lo largo de millones de años. Ante las ideas de Lyell, el tío de Darwin, Josiah Wedgwood, le sugirió que investigara cómo la tierra emergía y se hundía durante períodos más cortos que los observados en las formaciones sedimentarias. Darwin puso manos a la obra y trabajó estrechamente con sus hijos para estudiar las lombrices de tierra que excavaban túneles bajo el suelo del terreno de ocho hectáreas donde se alzaba su mansión georgiana en Kent. Al amanecer, la familia salía para medir el volumen de humus de lombriz depositado en los jardines delanteros. Más suelo encima significaba menos suelo debajo. Darwin calculó cómo la actividad creaba capas de subsidencia, y para ello recurrió a un método peculiar: puso en el césped una pesada «piedra de lombrices» circular y observó cómo poco a poco se iba hundiendo en el suelo.

En cuanto a los ingenieros del suelo, los escarabajos peloteros deben de ser los más seductores. Los más notables viven en la sabana africana. Recolectan estiércol animal y lo convierten en bolas que pueden llegar a tener hasta diez veces su peso y tamaño. En una sola noche, el escarabajo pelotero es capaz de enterrar en excremento doscientas veces su peso. Con las patas delanteras apoyadas en la parte superior para tener estabilidad, estos escarabajos empujan con las patas traseras y llevan rodando el estiércol a sus cámaras de cría. Para hacerse una idea de la fuerza de un escarabajo pelotero, imagínate empujando una bola de excremento de seiscientos ochenta kilos a lo largo de ochocientos metros por un terreno desigual. El estiércol es su único alimento. Los egipcios reverenciaban a los escarabajos peloteros y los representaban en los amuletos llamados «escarabeos», pues para ellos eran un símbolo de nacimiento, vida, muerte y regeneración. En las tumbas se colocaban sobre el corazón de los fallecidos tallas en piedra con escarabeos. Para reproducirse, los escarabajos peloteros abren oquedades de cría de quince a veinte centímetros de profundidad, introducen la bola y ponen los huevos en el estiércol, que aporta alimento a las larvas. Los escarabajos peloteros mejoran la estructura del suelo, entierran semillas y reciclan los nutrientes de las plantas. Son tan eficaces para limpiar la tierra de estiércol que se crían y envían a distintas partes del mundo con el fin de remediar la infertilidad de los campos, donde los excrementos animales permanecen intactos y se convierten en lugares de cría de moscas parásitas, así como a zonas urbanas donde se acumulan heces caninas en parques y vías verdes. El escarabajo pelotero nocturno, un custodio de tierra firme, goza de un sentido de la orientación casi místico. En las noches claras, los escarabajos perciben la Vía Láctea por medio de la luz estelar polarizada y la emplean como guía para desplazarse y orientarse. Cuando la Luna brilla más que las estrellas, se convierte en su brújula. El escarabajo pelotero, que se encuentra en todos los continentes excepto en la Antártida, está desapareciendo, ya sea porque cada vez se aparta más al ganado de la tierra o porque los antibióticos y los medicamentos veterinarios envenenan el estiércol. El escarabajo pelotero crea suelo, mientras que la agricultura industrial lo destruye. Según el Programa de las Naciones Unidas para el Medio Ambiente, cada año se pierden por causa de la erosión 24 000 millones de toneladas del material que forma la capa superficial del suelo, cerca de tres mil kilos por persona.

Se dice que las hormigas dominan el mundo y permean el suelo. Según E. O. Wilson, si no fuese por la presencia del *Homo sapiens*, la Tierra sería el planeta de las hormigas. Antes de que nosotros llegáramos, eso era precisamente lo que hacían: dominaban el mundo y controlaban la flora y la microfauna de una manera determinante y generativa. Una sola colonia de hormigas argentinas es mayor que Texas. Por cada ser humano hay dos millones y medio de hormigas, y las dominantes, sin ninguna duda, son las hembras. Las hormigas macho son individuos insignificantes con alas y unos genitales enormes que desempeñan un único papel en la vida: inseminar a las reinas vírgenes. Estos «proyectiles de esperma volantes», como se les ha llamado, mueren una semana después de haber cumplido su única tarea, mientras que las reinas pueden vivir una o más décadas. El dominio y el papel de las hormigas en el suelo son esenciales. Las hormigas comen hojas, savia, áfidos, hongos, animales, néctar, larvas, lagartos, anfibios, sínfilos y a sus propios muertos y heridos. Airean el suelo con grandes túneles en los que depositan nutrientes. Las hormigas cortadoras de hojas marchan en fila india, transportando pintorescos fragmentos de hojas, frutos y flores a grandes hormigueros donde cultivan huertos de hongos hechos con vegetación recién mascada. Los hongos son su único alimento. Los montículos subterráneos de los hormigueros abarcan hasta treinta metros y contienen millones de individuos. El suelo excavado de un solo hormiguero puede pesar más de cincuenta toneladas.

En una taza de tierra, miles de millones de criaturas, microbios y organismos se alimentan unos de otros en un amplio bufé. Formaciones de nematodos se suman al festín y regulan la población microbiana mediante sus elecciones de alimento. La mayoría de la gente nunca ha oído hablar de los nematodos. Existen más de cien millones de especies, que en conjunto representan el 80 % de los animales individuales del planeta, y se calcula que hay unos sesenta mil millones de nematodos por cada ser humano. Estos gusanos permean la capa de la litosfera hasta una profundidad de algo más de tres kilómetros y medio. Observados al microscopio, parecen diminutas hebras de pelo rizado. En el medio ambiente redefinen la palabra *ubicuidad*, y en el Ártico prosperan hasta en el fondo del océano. También viven dentro de la totalidad del reino animal (treinta y cinco especies son endémicas del cuerpo humano).

Nicole Masters compara el proceso digestivo del suelo con el nuestro. Masticamos la comida hasta formar bolos alimenticios impregnados de saliva que son descompuestos en el intestino por las bacterias, las cuales producen las enzimas que permiten incorporar los nutrientes al torrente sanguíneo. En las dos últimas décadas, la comprensión del intestino humano se ha transformado: de considerarse una alcantarilla ha pasado a ser un bioma llamado nuestro «segundo cerebro». El bioma del suelo engloba un proceso digestivo similar y está siendo objeto de un cambio radical en su enfoque. Considerado un medio en el que se pueden insertar fertilizantes solubles, arados, pesticidas y fungicidas, los suelos sanos se reconocen ahora como un ecosistema vivo, fuente de vitalidad, densidad de nutrientes, minerales, agua y resistencia. La microbiota del intestino humano es esencial para la salud física y mental, y requiere una dieta a base de alimentos nutritivos y no procesados para obtener el máximo bienestar. Los alimentos ultraprocesados, el azúcar, los aditivos, los edulcorantes artificiales, los conservantes, el exceso de suplementos, las grasas saturadas, el alcohol y las drogas causan estragos en el intestino. En el suelo son análogos a los causantes de disfunciones digestivas en el ser humano las siguientes sustancias: herbicidas, neonicotinoides, carbamatos, alguicidas, fertilizantes solubles, nematicidas e insecticidas, entre otras; una larga lista de «comida basura» industrial vendida a los agricultores para mantener la producción y evitar a los depredadores, pero que destruye la vida del suelo. El uso incesante de sustancias químicas y toxinas destruye la complejidad y la fecundidad creadas por el incalculable número de interacciones que se da entre hongos, criaturas del suelo y microbios.

En lo que concierne a la producción futura de alimentos por parte de la humanidad, el mundo se encuentra en un punto de inflexión. Las técnicas agrícolas modernas confunden la extracción con la gestión. A pesar de las advertencias, los monocultivos no dejan de expandirse, sembrando simientes de alta productividad con una genética idéntica que requieren más pesticidas y fertilizantes. Los cultivos no se desarrollan para ti y para mí, sino que se manipulan con afán de lucro, para manufacturar almidones y azúcares baratos con destino a los alimentos ultraprocesados, o para proporcionar pienso a cerdos, ganado y pollos enjaulados. Nuestros conocimientos agrícolas se basan en observar y analizar suelos desnaturalizados con escasa biodiversidad, desprovistos de hongos y sin apenas carbono. Es muy posible que la mayoría de los agricultores no hayan visto jamás un suelo a pleno rendimiento. Los suelos empobrecidos se consideran normales. Para comprender personalmente la amplitud y profundidad de lo que le ha sucedido al suelo, písalo. Si tu huella no se imprime significa que no está sano: se ha comprimido, los espacios para el agua y el aire han desaparecido. La falta de integridad estructural tiene como resultado la falta de hábitat para la vida microbiana y fúngica. Se trata de un bucle de retroalimentación: a menos vida, menos estructura. Más que ser el punto medio entre la arena y el ladrillo, el suelo vivo se hace notar por la vista y el olfato. Deberías poder introducir en él tu mano y recogerlo a puñados. Sostén bajo la luz del sol una porción de suelo blando, oscuro y fácil de desmenuzar, y examínalo de cerca. Debería brillar y sentirse húmedo. Es de esperar que contenga lombrices de tierra y pequeños artrópodos. Sus tonalidades de ébano emiten una fragancia que no se parece a ningún otro aroma. Su nombre es el de «petricor» o «geosmina», y se dice que se debe a unos aceites esenciales emitidos por las plantas y absorbidos por la arena y las rocas. Tu olfato y tu cuerpo lo conocen, es el olor de la vida, y es beneficioso. La vida que creó el suelo era una planta, a su vez una vida creada por la energía del sol. El suelo es el vínculo entre la luz del sol y el brillo de los ojos. No pretendo que suene poético. Es cierto.

Los agricultores se formaron con un sistema de agronomía que al principio parecía notable. Aplicaciones químicas directas combinadas con la labranza mecánica del suelo incrementaban la producción, los beneficios y la seguridad. La aplicación de macronutrientes (nitrógeno, potasio y fósforo) en la superficie significaba que las raíces de las plantas no tenían que ir muy lejos para satisfacer sus necesidades básicas. Sin embargo, era menos probable que la planta obtuviera los nutrientes minerales complejos que se encuentran a mayor profundidad en el suelo. Las técnicas de cultivo modernas pulverizan el suelo, liberan carbono en el aire y destruyen macroporos que proporcionan oxígeno y agua a las comunidades biológicas del suelo. Enjuágalo y repite la operación un año tras otro, y el suelo se convertirá en tierra polvorienta y dejará de ser un organismo vivo. Depende de «aportes», el término agrícola con que se designan las sustancias químicas.

La Revolución Verde de los años sesenta creó unas variedades de arroz y trigo enano de alto rendimiento que requerían cantidades superiores de pesticidas, herbicidas y fertilizantes sintéticos. En aquella época se creía que la agricultura química podría acabar con el hambre en el mundo. Nadie discute que esos cambios produjeron más alimentos. Se le llamó revolución «verde» en contraste con la revolución comunista «roja», inspirada por Rusia, que se estaba popularizando en países donde imperaban el hambre y la pobreza. El objetivo de Estados Unidos era poner fin al hambre y garantizar la seguridad alimentaria para contrarrestar esa amenaza. La Revolución Verde fue un triunfo que acarreó una gran resaca al ralentí. La agricultura de monocultivo (trigo, maíz y soja) precisa de más maquinaria, combustibles fósiles, venenos, labranza y roturación. La aceptación de los fertilizantes sintéticos, pesticidas y fungicidas, así como la confianza depositada en ellos, duplicó el rendimiento de las cosechas. Durante esta era, el sistema alimentario se convirtió en la única fuente importante de gases de efecto invernadero, casi un tercio de las emisiones globales. La revolución degradó la vida del suelo a fin de extraer más alimento. En los últimos cuarenta años, un tercio de la tierra arable se ha perdido a causa de la agricultura industrial, lo que arroja una tasa de erosión del suelo entre cien y mil veces mayor que la correspondiente a la erosión natural. Cuando se suman las victorias del alto rendimiento y las altas prestaciones, no se mencionan los costes ecológicos. El aumento de las cosechas como consecuencia de la Revolución Verde no benefició a los agricultores, sino a las grandes empresas, en virtud de la disminución del precio de las materias primas. Las empresas de refrescos ahorraron dinero utilizando edulcorantes de maíz con un alto contenido en fructosa, y Iowa se erigió en la capital mundial del maíz, con un 64 % de los cultivos dedicados a la producción de etanol para coches y camiones. Para generar energía mediante la combustión del etanol procedente del maíz, se necesita más energía obtenida a partir de combustibles fósiles, lo cual supone una pérdida neta global y una de las principales contribuciones al aumento de los gases de efecto invernadero, la contaminación química y del agua, las zonas muertas oceánicas y el declive de los polinizadores. Es el «combustible limpio» que las compañías aéreas pugnan por adquirir. Las familias dedicadas a la agricultura que dependen de cultivos básicos se encuentran hoy más financieramente inseguras que nunca. Están endeudadas y estresadas, y trabajan en entornos tóxicos. Hay campesinos que rechazan comer lo que producen y cultivan aparte un huerto orgánico para su familia. Hoy en día, casi tres mil millones de personas no pueden permitirse una dieta saludable. Esa cifra coincide con la de la población mundial cuando dio comienzo la Revolución Verde.

Más que ser depósitos de vida, los suelos industrializados se parecen a lechos de lagos secos. El cambio climático y la agricultura convencional han entrado en un círculo vicioso. Se degradan mutuamente. En el prólogo de *Agricultural Testament* [Testamento agrícola], Wendell Berry señala que la agricultura química nunca ha sabido lo que *hace* porque no sabe lo que está *deshaciendo*. Los organismos globales que se ocupan del hambre, los alimentos, la agricultura, la desertificación y la deforestación están en alerta máxima, abrumados por la rapidez con que se desintegra la tierra. Restaurar el suelo comporta procesos activos que permiten el retorno de los procesos regenerativos intrínsecos de la tierra. Las interacciones entre bacterias, microbios, virus, hongos, hormigas, lombrices de tierra, insectos y nematodos son incalculables incluso en un palmo cuadrado de tierra. Si las cosas pequeñas dominan el mundo, es posible que las más pequeñas de todas tengan la mayor influencia. Los microbios unicelulares pueden poseer en su pared celular cien mil sensores que detectan y reaccionan al entorno inmediato. En una cucharada de suelo hay más de mil millones de microbios. La complejidad microbiana del suelo es incalculable, como también lo son las interacciones de micelios, nematodos, luz, lluvia, raíces y bandadas de escarabajos peloteros que vuelan de noche en busca de nuevas boñigas de vaca. Los seres más pequeños determinan la textura, la fertilidad, la composición, la humedad y los nutrientes del suelo.

El suelo es la danza y el flujo del carbono bajo la superficie de la tierra. Hay una banda sonora para esta danza. Durante las dos últimas décadas, los científicos han insertado micrófonos en el suelo y subido el volumen. Se oyen zumbidos, chirridos, pitidos, vibraciones y tonos ásperos; susurros como el sonido suave y apagado de las hojas secas y el del agua moviéndose a través de los poros; chasquidos similares a las vocalizaciones de los cachalotes y de los bosquimanos de Botsuana y Namibia, y a las ratas topo dando cabezazos en las paredes de sus túneles. Un investigador describió el sonido del suelo como la reverberación crujiente de un gran árbol azotado por el viento. Los sonidos combinados de suelos ricos y diversos recuerdan al de unas láminas de papel de lija restregadas una contra otra. Incluso el crecimiento de las raíces a través del suelo produce sonidos audibles. Observa a un petirrojo en primavera, cuando inclina la cabeza hacia el suelo, un pájaro hambriento a la escucha para detectar larvas y lombrices de tierra. Los científicos que investigan los sonidos del suelo reparan en que las explotaciones agrícolas que emplean maquinaria y sustancias químicas guardan un «extraño silencio».

Debido a su dinamismo y preponderancia, pedirle a la agricultura industrial que se haga ecológica es como pedirle a una locomotora que gire en redondo. La agricultura comercial estrangula y constriñe el flujo del carbono, y de este modo restringe la participación de formas de vida inherentes a un suelo sano. El paso a la agricultura regenerativa se lleva a cabo a través del suelo, no en un laboratorio. Es la única manera posible. Lo que impide la puesta en práctica de la agricultura ecológica es una industria constituida por algunas de las empresas químicas más grandes del mundo. Están en un dilema, porque los medios para regenerar el suelo no pueden venderse en una lata.

La industria alimentaria tradicional supone que la agricultura industrial está aquí para quedarse, y pronto se le unirán las granjas verticales, los pollos criados en laboratorios y la carne cultivada en cubas. Las iniciativas artificiales apartarán todavía más el sistema alimentario del sistema vivo en que consiste el suelo, y cada vez concentrarán una parte más grande de la producción. Las empresas alimentarias prevén explotaciones agrícolas sin agricultores, ignorando las técnicas agrícolas vivificantes porque los métodos regeneradores basados en la tierra no están a la altura de las expectativas de beneficios que tienen las empresas. Las técnicas y prácticas agrícolas restauradoras reciben diversas denominaciones, pero las más comunes son: agroecológicas, ecológicas, orgánicas, biodinámicas y regenerativas. Estos métodos emplean el abanico de las relaciones que se establecen entre la planta, el suelo, los insectos y los hongos en entornos específicos. Basados más en la ciencia que las prácticas industriales, utilizan ingredientes sofisticados, biológicos y no tóxicos que descomponen sin efectos perjudiciales. Existen técnicas agrícolas que cultivan en pequeñas cubas la población microbiana innata del suelo, fermentos líquidos a los que se podría llamar el «kéfir del suelo» y que se devuelven a la tierra. Esta le indica al agricultor lo que necesita.

Puesto que los suelos y los pastizales están degradados y deshidratados, hay un grupo cada vez más amplio de doctores agrícolas que cuidan de la tierra: Judith Schwartz, Nicole Masters, Chris Henngeler, John Liu, Brock Dolman, Christine Jones, Charlie y Tanya Massy, Hui-Chun Su, Dianne e Ian Haggerty, entre centenares más. Mediante animales herbívoros, franjas de pradera, líneas clave, engarzadores, relleno de hondonadas, cultivos microbianos, rotaciones complejas, ecología de los incendios y muchas otras herramientas y técnicas, estos expertos tratan la degradación de la tierra y la patología del suelo. La agricultura moderna actúa de una manera totalmente contraria a la lógica. Los cultivadores de plantas se han pasado un siglo creando variedades de semillas que crecen en suelos empobrecidos, cuando deberíamos habernos centrado en la restauración del suelo.

La agricultura regenerativa tiene una máxima sencilla: crear más vida, arriba y abajo, paso a paso. Los análisis del suelo son muy reveladores, pero también lo son las malas hierbas, que, al importunarnos e invadir el terreno, revelan desequilibrios en el suelo, pues son una respuesta a sus dinámicas subyacentes. Los granjeros que emplean técnicas de pasto regeneradoras –tales como las famosas doce mil hectáreas dedicadas a la producción de trigo y la cría de ovejas en Australia Occidental a cargo de los Haggerty– informan de la recuperación de plantas nativas beneficiosas que habían desaparecido décadas atrás. La comunidad internacional de agricultores que practican la agricultura ecológica aprende de la tierra, el suelo y las cosechas. El conocimiento se comparte entre colegas y se incorpora gradualmente a las escuelas de agricultura.

Las praderas de hierba alta de Norteamérica se extienden desde Canadá hasta Oklahoma y por el Oeste Medio. Sus casi cien millones de hectáreas fueron el hogar de bisontes, alces, ciervos y antílopes. Estuvieron pobladas por plantas herbáceas, pasto barbudo, hierba india, pasto varilla y otras plantas perennes que alcanzaban dos metros de altura y cuyas raíces llegaban a profundidades de entre un metro y medio y cuatro metros y medio. Los suelos formaban una sustancia viscosa y rica en carbono, conocida como «glomalina», que pegaba los suelos entre sí y capturaba más carbono que cualquier bosque de la Tierra. La extraordinaria acumulación de carbono producía el suelo más fértil del mundo, llamado «molisol». Como señala Nicole Masters, un camión de fertilizante no siguió a los sesenta millones de bisontes para crear la más rica, oscura y profunda capa superior de suelo del planeta.

Capítulo 14

Un mundo no traducido

Emprende un viaje más allá de los deslumbrantes cielos urbanos y deja que tus ojos se adapten a la oscuridad. Observa a los animales que salen de las madrigueras, sus ojos brillantes y sus siluetas deslizándose. Nota cómo cambian los aromas de las plantas, escucha cómo los nuevos sonidos toman el relevo.

JOHAN EKLÖF

En la granja más importante del mundo no se cultiva con vistas a la alimentación. En 1999, Charlie Burrell e Isabella Tree, propietarios de mil cuatrocientas hectáreas de una granja deficitaria conocida como hacienda Knepp, situada en Sussex, Inglaterra, arrojaron la toalla. El problema se debía al suelo arcilloso. El dialecto de Sussex tiene numerosos insultos para referirse a su arcilla, que aluden al mal olor, el espesor o la viscosidad del barro. Un invierno, el fango engulló a un caballo y a su jinete hasta las cejas. En julio, la arcilla se convertía en cemento. A veces transcurrían seis meses antes de que se pudiera trabajar la tierra. Los propietarios se esforzaban por sanear la economía. Emplearon métodos agrícolas reforzados: nueva maquinaria, fertilizantes caros, pesticidas ingeniosos y salas de ordeño de última generación. Aunque la granja mejoró su producción y la vaquería llegó a considerarse una de las diez principales del país, la arcilla de Sussex prevalecía. Las pérdidas iban en aumento, y en el 2000 tomaron una decisión que ha reverberado desde entonces en el mundo del conservacionismo: dejaron que la granja se asilvestrara.

Tanto Tree como Burrell son naturalistas y estudiosos. Isabella, escritora y conservacionista, ha merecido varios premios. La pareja ha viajado varias veces a la sabana africana, donde creció Charlie. En todo el continente había parajes libres que estaban impregnados de vida silvestre, sin vallas, máquinas, carreteras ni agricultura. El contraste entre las áridas tierras bajas del Reino Unido en las que se practica la agricultura industrial y las llanuras del Serengueti, rebosantes de biodiversidad silvestre, era tan marcado que Charlie se preguntó si no podrían imitar lo que habían visto en África y dar rienda suelta a los procesos naturales en Knepp. ¿Crearían los animales no domesticados, que pacen libremente, hábitats y sabanas silvestres en la hacienda? La idea no entusiasmaba ni a los vecinos, ni a los conservacionistas ni a las autoridades locales.

A Tree y a Burrell los inspiraba la obra del biólogo Frans Vera, un conservacionista holandés pionero de una controvertida teoría sobre la evolución del paisaje en Europa. Durante mucho tiempo se ha dado por sentado que los bosques antiguos y prístinos son vitales para proteger la biodiversidad. Para Vera, la «naturaleza prístina» consistía en pastos boscosos abiertos creados por animales silvestres herbívoros, no los bosques de cuento de hadas de Blancanieves y los hermanos Grimm. Propuso que, en vez de proteger los bosques antiguos, se procediera a devolver animales herbívoros a los bosques, praderas y humedales. Creía que la simbiosis entre pastos y terrenos boscosos daría como resultado la máxima diversidad biológica, y que la presencia de herbívoros siempre ha impulsado la creación de hábitat. Sin animales en libertad, «tienes unos hábitats empobrecidos, estáticos y monótonos con especies en declive. Este es el motivo de que fracasen tantas tentativas de conservación». En la época en que manifestó estas ideas, el pensamiento de Vera era herético, y para muchos conservacionistas sigue siéndolo.

En el 2000, Charlie e Isabella cerraron la granja y vendieron el ganado, las vacas y la maquinaria. Introdujeron animales estrechamente relacionados con especies que en el pasado habían poblado el Reino Unido y Europa. Tras eliminar la mayor parte de los vallados interiores y reforzar las vallas perimetrales, soltaron gamos, reses inglesas de cuernos largos, ponis Exmoor y cerdas Tamworth con sus crías. Ese cuarteto de animales eran parientes cercanos del extinto uro, el caballo tarpán (el caballo salvaje original de Europa, visto por última vez en 1887), el bisonte europeo (perdido en la década de 1920), el alce y el jabalí. Los animales estaban en libertad y no se les proporcionaba alimentación suplementaria ni se les prestaba ninguna ayuda. Más adelante se añadieron castores y ciervos rojos. Los vecinos y el Gobierno no toleraban superdepredadores como el lobo, el glotón o el lince, por lo que se estableció un proceso de sacrificio a medida que crecían los rebaños.

Isabella Tree ha contado con brillantez el inesperado resultado de Knepp en *Asilvestrados*, que obtuvo un éxito notable en el Reino Unido, y en su obra más reciente, *The Book of Wilding* [El libro del asilvestramiento], de la que Burrell es coautor. Knepp se ha convertido en un sorprendente testimonio del África de Charlie y de las observaciones de Vera sobre Europa. A medida que la finca se transformaba, iba recibiendo una notable cantidad de especies. Para Isabella, la llegada más preciosa fue la de la tórtola, cuyo suave y relajante sonido apenas se oye en el Reino Unido actual. De la población de un cuarto de millón que había en la década de 1960, se calcula que quedan solo unas cinco mil, con menos de doscientas parejas en el condado donde se encuentra Knepp. En Europa, durante la migración primaveral de las tórtolas, los cazadores abaten anualmente más de un millón de aves. La reducción de su número en el Reino Unido se debe a la erradicación del campo inglés a causa de los herbicidas, los pesticidas, la roturación y la ausencia de plantas nativas. Muchas otras aves propias de las tierras de cultivo están desapareciendo en todo el país por falta de alimento y de lugares seguros en los que nidificar. Las codornices, las avefrías, las alondras, los escribanos cerillos y los gorriones molineros necesitan insectos, no pesticidas.

El secreto de Knepp consistía en quitarte de en medio y dejar que la naturaleza se hiciera cargo de sí misma. Isabella escribe: «La restauración ecológica –darle a la naturaleza el espacio y la oportunidad de expresarse– es en gran parte un voto de confianza. Requiere prescindir de ideas preconcebidas y, sencillamente, sentarse y observar lo que sucede». En el tren que me llevaba a Knepp, miré por la ventanilla los prados con el revelador aspecto verde azulado causado por los fertilizantes químicos con nitrógeno. Apenas había setos. Cundo llegué a la hacienda me rodeó un aroma: la indescriptible fragancia de los suelos, la hierba, las flores, los prados y los bosques. En el 2019, una cigüeña blanca que habían introducido construyó su nido en una de las torrecillas del castillo. Era la primera vez que sucedía tal cosa desde 1414, antes de que existiera Bretaña. En el 2023, cuando visité Knepp, había más de veinte nidos. Por lo menos la mitad de la bandada giraba en el cielo, como una formación de aves sincronizadas en miniatura, trazando círculos sin esfuerzo, dejándose llevar por la corriente de aire ascendente. Llamar «arca» a Knepp es una metáfora trivial, pero eso es exactamente. Nuevos pasajeros llegan a diario en manadas, a pie, volando, y algunos trepan a los robles y aletean en sus ramas.

Pero no solo llegaron nuevas especies, sino que las ya residentes incrementaron su número de una manera extraordinaria: el zorzal real, la becada y el pardillo rojizo, que en Francia llaman *cabaret*. Añádanse la alondra y la totovía, el ánade gris y el sonido de aventamiento de las agachadizas en vuelo. Los cuervos regresaron tras un siglo de ausencia. Los murciélagos rozaban los estanques, incluido el diminuto murciélago enano *(Pipistrellus pipistrellus)*, que cabe en una caja de cerillas. En el Reino Unido, las mariposas nocturnas se han reducido un 88 % en los últimos cincuenta años. En Knepp se han avistado setenta y seis nuevas especies. Garcetas, avetoros y patos porrones se unieron a un solo ánsar indio del Himalaya que se había fugado de un zoo particular. Y había otras especies de pato, como el ánsar común y el pato egipcio. La población de mariposas experimentó un enorme incremento tanto en número como en variedad: fritilaria de borde perlado, doncella de ondas rojas, lobito listado, mariposa anillo, mariposa marrón del prado, mariposa blanca jaspeada, hespérido, dorada línea corta, mariposa de la ortiga y la rara y muy buscada emperador púrpura. Los ruiseñores trinan, charlan y cantan en las noches de verano con un silbido semejante al de una flauta. Los pájaros carpinteros verdiamarillos engullen hormigas del prado. Las insectívoras currucas zarceras emiten su rasposo aullido nasal. Se oye el grito agudo de los cuclillos. Los depredadores llegan para cenar: aves rapaces, cuervos, halcones peregrinos, águilas, búhos de orejas cortas, armiños, comadrejas y turones.

A pesar de que Knepp está rodeada de agricultura química, algo notable ha sucedido con la tierra. Nancy, hija de Charlie e Isabella, estudia las tasas de captura de carbono en terrenos silvestres para su doctorado por la Universidad de Oxford. Una medición reciente del carbono en el suelo de una pradera resilvestrada de Knepp reveló una tasa anual de captación de carbono de entre 3,4 y 4,8 toneladas por hectárea. Annie Leeson, directora ejecutiva de Agricarbon, una empresa que mide la presencia de carbono, afirmó en un correo electrónico que no había visto «una demostración tan clara y a tal escala, o con este nivel de evidencias, en ningún lugar del mundo».

Lo que comenzó en el 2000 como un experimento en restauración de tierras de cultivo se ha convertido en un faro para el mundo. Según Isabella y Charlie: «No imaginábamos que Knepp acabaría siendo un foco de atención para muchos de los problemas que hoy son más acuciantes: el cambio climático, la restauración del suelo, la calidad y la seguridad alimentarias, la polinización de los cultivos, la captura de carbono, los recursos hídricos y la purificación del agua, la atenuación de las inundaciones, el bienestar animal y la salud humana». Knepp revela la vía esencial para una transición biológica del mundo. No significa el abandono de las granjas, sino la toma de consciencia de que la regeneración del planeta está a nuestros pies: animales, suelo y medio ambiente silvestre. Y corrobora una máxima fundamental e inspiradora: la naturaleza se recupera a una velocidad asombrosa.

La tesis de Knepp quedó demostrada en Rumanía, donde el bisonte europeo se reintrodujo en los Cárpatos meridionales en el 2014. Al igual que ocurrió en Norteamérica, el bisonte europeo se cazó masivamente hasta que quedó al borde de la extinción. Mediante la cría en cautividad y la resilvestración, los rebaños han ido en aumento y ahora se cuentan por millares. En las montañas Țarcu de Rumanía se ha reintegrado un rebaño de ciento setenta ejemplares en libertad, y la tasa de recuperación del ecosistema es notable. Siguiendo las enseñanzas de Frans Vera, los bisontes se situaron en un ecosistema de pradera y bosque. Estos herbívoros reciclaron nutrientes y dispersaron semillas por todo el pasto. Unos análisis recientes del impacto que ha tenido el rebaño en el entorno, dirigidos por Oswald Schmitz, de la Universidad de Yale, han demostrado que los bisontes capturaron anualmente 61 toneladas de carbono, lo cual equivale a las emisiones de 43 000 automóviles. La larga ausencia de los bisontes había tenido como resultado un aumento enorme del carbono liberado por las tierras aradas, y su retorno revirtió rápidamente las pérdidas. En los acalorados debates sobre el clima, en general los herbívoros se consideran un problema, porque proporcionan carne y perjudican a los pastizales. La hacienda Knepp de Sussex y el retorno de los bisontes a las montañas Țarcu cuentan otra historia.

La botánica Robin Wall Kimmerer contó una anécdota sobre un científico que contrató a un joven guía indígena a fin de adquirir conocimientos *in situ* sobre una selva tropical. A medida que se adentraban en la vegetación espesa y variada, el joven le explicaba una especie tras otra, su historia, su nombre y los usos que tenía. La amplitud de sus conocimientos sorprendió por completo al científico, que lo felicitó por su profunda comprensión del mundo vegetal. El joven aceptó el elogio, pero replicó con los ojos bajos: «Sí, he aprendido sus nombres, [...] pero todavía tengo que aprender sus canciones». El escritor y físico Siddhartha Mukherjee se refirió a la anécdota de Kimmerer en *La armonía de la célula*. «Lo que el joven lamenta es que no ha aprendido la interconexión de los habitantes individuales de la selva tropical –su ecología e interdependencia–, la manera en que los bosques actúan y viven como un todo [...] las canciones que se mueven entre los árboles.»

Mukherjee cuestionaba la premisa del atomismo, que se remonta a los descubrimientos de organismos unicelulares por parte de Anton Philips van Leeuwenhoek en 1674. El atomismo es la creencia de que el mundo puede entenderse mediante el estudio de sus partículas más minúsculas, las células o los átomos. Es el fundamento de la medicina moderna y de las investigaciones en torno al suelo, las plantas y los animales. A medida que la ciencia acumula inmensas cantidades de información sobre todos los aspectos del cuerpo humano y nuestra naturaleza, es fácil que nos perdamos la canción, la sinfonía jamás oída, el mundo intraducible de la vida silvestre. Una canción conecta los contornos de la vida planetaria en una intrincada e inconmensurable tracería de belleza y verdad. Para Kimmerer, es la capacidad de escuchar con el corazón el sufrimiento de la gente, las plantas y los animales. Para la ecóloga marina Monica Gagliano, es la diferencia entre el mundo que piensa y el mundo que siente.

El eje de la vida planetaria son los animales, y nosotros somos una de sus especies. Las canciones que se establecen entre las plantas, la fauna, los bosques y los hongos son inteligencia. Para contar el número de animales que viven en la Tierra se necesitarían 45 millones de años. Compárese esta cifra con el número de animales que vemos a diario. Lo más probable es que se limiten a mascotas o animales cortados en pedazos sobre el mostrador de la carnicería. Por lo demás, tenemos poco o ningún contacto con los 3,4 billones de aves, mamíferos, reptiles, insectos, anfibios y peces. Aunque es justo decir que los animales lo prefieren así, pues están perdiendo sus hogares desde la Antártida hasta Alaska y todo cuanto hay en medio. Mientras escribo este libro, crece en las empresas la preocupación por el llamado «riesgo natural». Después de siglos de rapacidad exponencial, resulta inquietante observar lo mucho que ha tardado la «naturaleza» en pasar a un primer plano en el mundo de los negocios. Sin embargo, las preocupaciones siguen siendo triviales: por ejemplo, qué sucederá con los centros de datos ante el retroceso de los acuíferos de los que toman el agua para refrigerarse, o cómo afrontar la escasez de fresas en los supermercados a causa del declive de la población de abejorros.

El mundo mercantil busca claridad, cuantificación y predictibilidad. Está hambriento de soluciones permanentes ante la crisis climática. Pema Chödrön nos describe como pasajeros de una embarcación que se hunde tratando de aferrarse al agua. El flujo dinámico, fluido y natural de la vida no se alinea con nuestra necesidad de certidumbre y permanencia.

Afortunadamente, numerosas organizaciones sin ánimo de lucro se ocupan de la vida silvestre en todos sus aspectos. Científicos y activistas recorren la Tierra, hacen recuento de las poblaciones, catalogan especies, restauran hábitats, lamentan las pérdidas y señalan a las empresas, los métodos agrícolas y las agencias gubernamentales que destruyen el medio ambiente. Su trabajo es heroico y está imbuido de dolor. Como sucede con el clima, la gente dice interesarse por la naturaleza, sobre todo cuando la retratan como bonita y acogedora, pero apenas mueve un dedo por detener las pérdidas insensatas. ¿Se trata de un problema de la gente o de un problema de comunicación? Las poblaciones de vida silvestre han disminuido un 73 % desde 1970. Según el Convenio de las Naciones Unidas sobre Diversidad Biológica de 1992, la biodiversidad debería conservarse para el «uso sostenible de sus componentes y el reparto justo y equitativo de los beneficios derivados de la utilización de los recursos genéticos». No es de extrañar que lo ratificaran 196 países. El tratado es una visión cosificadora y extractiva del flujo de la vida, del flujo del carbono. Desde que se firmó, enormes cantidades de seres vivos han desaparecido, en un éxodo masivo acelerado. Pregúntale a un cachalote, una nutria o un lince si son un componente. Al dividir y reducir el valor de la naturaleza en partes y pedazos, el Convenio de las Naciones Unidas pasa por alto la manera en que los animales entrelazan los componentes del mundo vivo en la gran esfera azul que contemplamos admirados desde el espacio, pero de la que hacemos caso omiso cuando la miramos de cerca. El físico Werner Heisenberg señaló: «Lo que observamos no es la naturaleza en sí, sino la naturaleza expuesta a nuestro método de indagación». Si la pérdida de la mayoría del mundo viviente es la respuesta, ¿cuál era la pregunta? Heisenberg critica el cientifismo como método de conocimiento. La comunicación de animales y plantas, la consciencia cognitiva y la inteligencia trascienden nuestra comprensión. Más allá de la creencia o la interpretación existe un mundo intraducible. Hannah Arendt escribió sobre la importancia crucial de la plaza pública, los espacios urbanos y rurales donde la gente se reúne cara a cara, para la dignidad y la comprensión humanas. Lo mismo podría decirse de la gente y los animales. Estos son reservados y están en alerta con toda la razón. Para restaurar los ecosistemas, los animales necesitan la capacidad de deambular y reunirse unos con otros. Nosotros debemos reunirnos con ellos de manera segura, respetuosa y amable.

La biodiversidad es la interacción constante entre criaturas grandes y pequeñas, la totalidad del sistema de la vida y sus interrelaciones, no una lista de sus «partes». La danza del carbono es la organización, el reordenamiento, la defecación, la masticación, el reciclaje, la habitación, la excavación de madrigueras, la nidificación, la polinización y el sostenimiento de todos los ecosistemas del planeta. Innumerables formas de vida alimentan hábitats en praderas, ríos, cañadas, humedales, suelos fértiles, arrecifes de coral, manglares y bosques. Su hogar es también el nuestro. Lo que comemos, vemos, olemos, usamos y aquello de lo que dependemos –incluso objetos insospechados como lavavajillas, gafas, pañales e internet– son, en última instancia, propiedad de los animales.

Las plantas metabolizan la energía del sol. Los animales metabolizan la energía de las plantas, ya sea al ingerirlas directamente o al consumir otros animales que se alimentan de ellas. La energía es la divisa de la vida y se transmite como carbono en azúcares, grasas y proteínas. Los ecosistemas entrelazan elementos de sistemas energéticos más grandes. La interacción de animales, vegetación y hongos es recíproca. Este intercambio de energía, esta relación central, es la base de la vida. Dependemos por entero de esos sistemas y estamos interconectados con ellos. La extraordinaria diversidad de las especies asegura que la energía del sol sea capturada a todos los niveles, ya se trate de un liquen o de un león. Cuando mires un vídeo de hormigas cortadoras de hojas en marcha, con fragmentos de follaje a cuestas, imagínalas acarreando sacos de víveres de setecientos kilos desde el bosque hasta su hogar. En este aspecto se parecen a nosotros, solo que son más fuertes. Nosotros tenemos pueblos y ciudades; ellas establecen hormigueros de diez mil millones de habitantes (en Texas llaman «hormigas de ciudad» a las cortadoras de hojas). Nosotros tenemos granjas; ellas cultivan hongos en lechos de vegetación masticada. Nosotros tenemos vocaciones; ellas, complejas divisiones del trabajo. Billones de animales diseñan y construyen el andamio de la vida planetaria, pero nosotros, que también somos animales, los eliminamos, pescamos, matamos con el arado, talamos y deshidratamos hasta que desaparecen. La referencia ocasional a la «importancia» de la biodiversidad es una enorme subestimación.

Las pérdidas no siempre son evidentes. En Estados Unidos, la eliminación de castores desecó cientos de kilómetros cuadrados de terrenos pantanosos, ciénagas y marjales. Los humedales sostienen a plantas, crustáceos, ranas, aves zancudas, tortugas, ratas almizcleras, escarabajos, moluscos, libélulas y centenares de otras especies. Las praderas de hierba alta que cubrían la tercera parte de Estados Unidos se han reducido a menos del 4 % de su extensión original. El síndrome del punto de referencia cambiante significa que durante su vida la gente solo ve cambios graduales. A menos que se trate de un acontecimiento reciente, nadie ve la desaparición de un humedal. Aceptamos la Tierra que habitamos como algo normal porque carecemos de una perspectiva histórica.

Imagina que los animales saben más del planeta que los seres humanos. ¿Cómo no va a ser así? ¿Existe un nivel de comunicación entre las especies que va mucho más allá de nuestro conocimiento? Cuando Monica Gagliano visitó el arrecife el último día de su experimento, los peces damisela sabían que había acudido para acabar con sus vidas. Esta es una anécdota que carece de prueba científica. El significado se hallaba entre los peces y Monica, la científica. La ciencia conduce a verdades extraordinarias, pero no a las únicas verdades. La mayor parte de las culturas indígenas tienen una percepción de los árboles y los animales, incluso del agua, como seres vivos, una comunidad de la que ellos mismos son miembros. Los colonos europeos consideraban que esta actitud obedecía a una superstición. Las culturas nativas saben que es una realidad.

En 1970, unos cazadores acorralaron a una manada de orcas en la cala Penn del estrecho de Puget rodeándolas con lanchas rápidas y aviones de reconocimiento. Arrojaron al agua bombas de perclorato, de las que se utilizan para asustar a los mamíferos marinos a fin de que no se acerquen a las capturas de pesca, y aturdieron a las orcas con ondas de choque de doscientos decibelios. Separaron a las crías de sus madres y las sacaron del agua en redes, una por una. Los animales lanzaban unos gritos agudos y desgarradores. Nunca se habían visto atrapados ni habían notado el peso de su cuerpo fuera del agua. Una madre y tres crías murieron. Los cazadores trataron de ocultar las muertes despanzurrando a las orcas y rellenándoles la cavidad abdominal con piedras, confiando en que así se hundirían, pero no lo hicieron. Fue una matanza. Una manada de orcas es una familia, no un grupo. Una de las crías, a la que la tribu lummi llamaba Tokitae, la vendieron por veinte mil dólares y la enviaron al acuario de Miami. La orca, que medía seis metros de longitud, fue depositada en un tanque del tamaño de una piscina de hotel, donde pasó cincuenta y tres años sin protección contra el sol. Tras décadas de pleitos y acciones por parte de grupos tribales, del Gobierno de Estados Unidos y de organizaciones defensoras de los derechos de los animales, en el 2023 liberaron a Tokitae. Sin embargo, murió poco después, antes de que hubieran podido devolverla a su lugar de origen. Para los lummis, que habitan en la costa, las orcas son sagradas y forman parte de su familia, como primos, hijos y padres. Estaban desolados. Tokitae fue incinerada sin el permiso de los lummis. Estos esparcieron sus cenizas en el mar de Salish. Acudieron orcas a mirar. Algunos lummis creen que la madre de Tokitae estaba presente. La llaman Sol del Océano y tiene cerca de un siglo de edad.

La palabra *biodiversidad* es un término incruento. La jerga y los tópicos relacionados con la naturaleza enmascaran atrocidades. El lenguaje sincero puede ser potente, conmovedor y edificante en manos de maestros como Robin Wall Kimmerer, Ralph Waldo Emerson, Carl Safina, Merlin Sheldrake, Mary Oliver, Barry Lopez, Linda Hogan o David James Duncan, entre otros. La palabra *salvaje* provoca diversas reacciones. Algunos piensan que ser salvaje significa estar loco o actuar sin control, pero no es así. Cada uno de nosotros es salvaje en el sentido de original, innato, auténtico, instintivo y profundamente arraigado. El abrumador despliegue de fuerzas industriales alineadas contra el mundo viviente (oleoductos, minas, venenos, productos farmacéuticos, agricultura, pesqueros de arrastre, plásticos y bancos) favorece la uniformidad, la monotonía, la repetición, el control, la jerarquía, la fuerza, la violencia e incluso la opresión. Eso no es salvajismo. Es muerte.

Lo salvaje es precioso. Es una vida que beneficia a otros seres. El salvaje nunca está loco. Están locos quienes someten el planeta al doble acristalamiento de un período carbonífero, matan los océanos con ácido carbónico y esterilizan los suelos para después manipular genéticamente las semillas a fin de remediar nuestra estupidez. La desintegración del planeta que es nuestro hogar revela un trastorno mental en el que pensamientos y emociones se encuentran tan dañados que ya no se corresponden en absoluto con la realidad externa. Ser salvaje es todo lo contrario. Lo somos cuando nuestros pensamientos, emociones y acciones son extremadamente sensibles a nuestra relación con el mundo viviente y con el prójimo. Puesto que somos salvajes, bailamos, escribimos, cantamos, protestamos, practicamos deportes, escalamos montañas, hacemos el pino y nos volvemos poetas de *slam*. Es la sensación de que nuestros pies son la tierra; nuestros ojos, el cielo; nuestros corazones, los manantiales; nuestra respiración, la atmósfera. Somos moradores. Volvamos a casa.

Existen decenas de millares de organizaciones medioambientales y defensoras de la justicia social. Estos organismos sociales, formados por personas diversas, flexibles, compasivas, ardientes, buenas conocedoras del lugar que habitan, son salvajes, desde luego. Hay que verlas como si fuesen un banco de anguilas, una bandada de gansos o de arrendajos, o un grupo de aleteantes mariposas monarca. El reino de la vida se reafirma en la consciencia humana. La inquietud y el pánico se abren paso a través de las generaciones, pero existe una apertura. El trauma de habitar el mundo de hoy tiene todo el sentido. Es la respuesta apropiada. Puede conducir al cierre o a la apertura. Alexa Firmenich cree que nuestra tristeza y aflicción es un regreso a nuestros yoes desnudos, un lugar donde vemos lo hermoso que es el mundo en realidad. Báyò Akómoláfé le dio la vuelta a la tortilla en un discurso de graduación: «Debemos conceder que nuestras vidas no duran tanto como para llegar a ser lo bastante competentes y plantearnos todas las preguntas que seríamos capaces de explorar, pues las vidas y las muertes no se reducen a su duración. Prestad oídos a vuestros errores, no tapéis las grietas, profundizad en ellas. Hagáis lo que hagáis, no intentéis hacer del mundo un lugar mejor, sino considerad que el mundo podría estar intentando hacer de vosotros un lugar mejor».

Capítulo 15

Consciente

Siéntate, permanece en silencio y escucha, pues estás bebido y nosotros estamos en el borde del tejado.

YALĀL AL-DĪN AL-RŪMĪ

El tercer verso del poema de Walt Whitman «Canto a mí mismo» dice: «Porque todos los átomos que me pertenecen también te pertenecen». Este verso se hace eco de las tradiciones de aquellas culturas nativas cuyos vínculos con la tierra, las plantas y los animales son inexorables. La totalidad de los seres vivos –aves, frutas, serpientes, árboles, mariposas nocturnas, hierbas y leopardos– son miembros de sus respectivas comunidades. Tal como una vez me dijeron, el conocimiento de la comunidad es lo que siempre expresan los mentores: la comprensión compartida que ofrecen padres, personas mayores, hermanos y familiares, fraguada por el hecho de vivir en el territorio. Es una experiencia, una continuidad, un flujo, no una enseñanza; es sabiduría ecológica transmitida y modificada a lo largo de las generaciones. Hoy en día, la civilización refleja una falta casi absoluta de consciencia. El mundo dominante confunde la comunidad con la mercancía y se explota incluso a sí mismo. No conozco un término para definir la enorme desconexión de la humanidad respecto del mundo viviente.

El movimiento climático está vivo y no deja de crecer, lleno de personas sinceras, pero no puede tener éxito a menos que consideremos el planeta como una entidad viva, lo mismo que las lombrices de tierra, los líquenes y los lémures. La vida debe estar en el centro de cuanto hacemos, o no viviremos aquí por mucho más tiempo. «Todos los átomos que me pertenecen también te pertenecen.»

Una vez caminé por el territorio de la tribu wampanoag, que nunca ha dejado de estar bajo su control, cerca del cabo Cod, siguiendo un serpenteante camino de tierra no transitado. Al doblar una curva, vi que siete animales estaban unos enfrente de otros dispuestos en un círculo. Parecía una reunión, una especie de consejo. Me quedé inmóvil, y por un momento ellos hicieron lo mismo. Había una culebra chata, una tortuga de caja, una zarigüeya, un conejo, un ratón patiblanco, un ratón de campo y dos codornices norteñas. Los que pudieron, echaron a correr o reptaron entre la avellaneda y la avena del mar. La tortuga se alejó caminando pesadamente, y su cola coriácea dejó una línea ondulada en la espesa capa de polvo. Yo no podía dar crédito a lo que acababa de ver. Busqué sus huellas y allí estaban. Aquello no tenía explicación. Nunca he olvidado ese incidente. Quienes pasan cierto tiempo en la naturaleza tienen experiencias que carecen de explicación lógica. El mundo natural es un antídoto contra el desbarajuste y la locura que infestan las comunicaciones que nos rodean; es un santuario de la verdad.

No estoy capacitado para explicar la sabiduría, las tradiciones y las costumbres de la miríada de culturas que poblaban la Tierra antes del holocausto colonial. Soy un mestizo europeo con genes que se extienden por todo el mapa, educado en las creencias occidentales tradicionales. No me han transmitido ninguna sabiduría ancestral. Sin embargo, mis abuelos eran de ascendencia escocesa, sueca, córnica y alsaciana, personas decentes y muy pragmáticas. Eran principalmente agricultores. Me enseñaron a distinguir lo que funciona de lo que no, a ser práctico, motivo por el que recurro a culturas que han habitado territorios durante mucho más tiempo que mis antepasados conocidos. A Hindou Omarou Ibrahim, miembro del pueblo de pastores nómadas wodaabe, en el Chad, le preguntaron si, antes de tomar una decisión, su tribu tenía en cuenta las consecuencias al cabo de siete generaciones. La idea de las «siete generaciones» se originó a finales del siglo XVI con la Gran Ley de Paz de la Confederación Haudenosaunee, que reunió a cinco naciones para armonizar sus fundamentos políticos, ceremoniales y sociales. Cuando los cincuenta jefes de clan de las naciones onondaga, oneida, cayuga, seneca y mohawk (kanienkehaka) se ponen de acuerdo para tomar una decisión, esta se remite a los onondagas para que determinen si cumple la Gran Ley, la cual establece si una acción será beneficiosa o perjudicial para el bienestar de la gente al cabo de siete generaciones. ¿Mermará una acción los recursos y los pondrá en peligro, o bien los protegerá y ampliará? Téngase presente que, para los indígenas, una generación dura setenta años. El pragmatismo significa ocuparse de las cosas de una manera realista, por el futuro bienestar de la nación. No puede haber un pacto más práctico que el de la Gran Ley.

Cuando Ibrahim respondió que, en efecto, los wodaabes reconocían el principio de la Gran Ley, añadió un matiz importante: «Podemos hacerlo porque recordamos las siete generaciones pasadas». No hablaba como una persona individual, sino como alguien que tiene una relación constante con el pasado. ¿Cómo puede recordar decisiones y acontecimientos tan lejanos? No es ella quien los recuerda, sino su comunidad. Las tradiciones, las enseñanzas y la información se retienen de forma colectiva. La memoria está codificada en anécdotas, canciones y un arte que se remonta a siglos atrás. Recuerda las setecientas descripciones exactas de insectos que hace la tribu de los dinés, carente de lengua escrita. La mayoría de los occidentales apenas poseían conocimientos ecológicos que recordar. No se les enseñaba la relación apropiada con los seres vivos. Aparte de la Confederación Haudenosaunee, que es la democracia más antigua del mundo, no hay ninguna institución occidental que haga del bienestar de todos los seres vivos su principio rector.

Nuestro género, *Homo sapiens*, llegó a ser dominante porque inicialmente no lo era. Nos impusimos porque construíamos redes y resolvíamos problemas colectivamente. *Sapiens* significa «astuto» o «sabio», un apéndice acuñado por el taxonomista Carlos Linneo. Cuesta admitir que sea un adjetivo merecido, dado el punto en que hoy nos encontramos. El mundo, especialmente Estados Unidos, ha experimentado un acusado declive en respeto, tolerancia y comprensión mutua. Jonathan Haidt ha escrito: «Estamos desorientados, somos incapaces de hablar el mismo lenguaje o reconocer la misma verdad. Estamos desconectados unos de otros y del pasado [...] la dispersión de personas que habían formado una comunidad». ¿Es posible recomponer sociedades caídas, como el huevo Humpty Dumpty de la canción infantil inglesa? Los comentarios de Haidt presuponen que existió una comunidad. Las naciones coloniales han exterminado comunidades durante quinientos años. No hacían distinción alguna entre los castores, los taínos, las ballenas y los cheroquis. Nos rodean las consecuencias de acciones pretéritas: guerra económica, ejércitos permanentes, océanos que hierven a fuego lento, ansiedad generalizada, tormentas arrasadoras, salud mental en declive y un calor tiránico. Todos ellos son síntomas de la pérdida del sentido de comunidad. Las creencias de baratillo se vienen abajo cuando la realidad se burla de ellas. No recuerdo haber visto a negacionistas del cambio climático, voluntarios o socorristas discutir sobre creencias políticas o religiosas mientras se produce o después de que se haya producido una tormenta, un incendio o un desastre de grandes proporciones. Lo que une a la gente es el deseo de compartir alimento, agua, cobijo, calor, amabilidad y comunidad. Nuestras ecologías social y medioambiental son inextricables. Los fracasos de la política y de la sociedad son una invitación a imaginarnos de nuevo unos a otros dentro del mundo viviente.

En Estados Unidos, un ejemplo sobresaliente de comunidad indígena es la Iglesia Negra, una cultura devota que surgió de la diáspora de la esclavitud y que ha transformado el mundo mediante el liderazgo, la música, la literatura, la danza, los deportes y el arte. En 1965 trabajé en Selma, Alabama, para la Marcha a Montgomery dirigida por la Conferencia de Liderazgo Cristiano del Sur. Tenía diecinueve años, era un voluntario blanco y desempeñaba un papel secundario, pero el impacto que aquello tuvo en mí fue indeleble. A los diecisiete había pasado un año viajando por Europa, y en Alabama encontré una cultura muy diferente a cualquiera de las que había visto en los doce países visitados. La Brown Chapel de la Iglesia Metodista Episcopal Africana, fundada en 1866, fue el centro de la marcha, una comunidad con siglos de antigüedad construida como un cáliz de bondad por personas que habían sido perseguidas y mancilladas por la esclavitud, el racismo y la violencia. De día y de noche, durante la marcha, había sermones, testimonios, música góspel y cánticos.

En el ámbito de la iglesia percibías una determinación vibrante e inquebrantable de vencer al racismo en todas sus manifestaciones. La incansable tenacidad se intensificó un mes antes de la marcha, cuando agentes policiales del estado de Alabama dieron una paliza y mataron de varios disparos al diácono baptista Jimmie Lee Jackson en una cafetería cercana. Fue otro linchamiento. Desde mi asiento en el anfiteatro, observé a los fieles subyugados por pastores como Martin Luther King hijo, James Bevel y Andrew Young. La retórica era improvisada, elocuente y compasiva: «No debemos hacernos mala sangre ni albergar ideas de resarcirnos con violencia. No debemos perder la fe en nuestros hermanos blancos», dijo King en su impresionante réquiem por Jimmy Lee Jackson. Yo nunca había presenciado las manifestaciones de una fe tan sólida, los amenes, los gestos de asentimiento, los aleluyas mientras agitaban las manos alzadas. Había tristeza y dolor. Había alegría y absolución. Había misericordia. Había determinación. Y había canciones, interpretadas por la clase de coro de iglesia de la que salieron Aretha Franklin, Whitney Houston y Jennifer Hudson. Era una comunidad como yo nunca había visto o imaginado. Yo era un blanco en su iglesia y ellos no me conocían de nada, y, sin embargo, me acogieron con amabilidad. Aquello era totalmente distinto de las misas exequiales a las que había asistido como monaguillo en la iglesia católica de Santa María en Oakdale, California. Los fieles de la Brown Chapel habían sido objeto de burlas, desprecio y denigración. Creo que blancos de Selma habían insultado y humillado a la mayoría de los feligreses varones, delante de sus esposas e hijos, en uno u otro momento de sus vidas. Algunas madres habían ido a los hospitales para visitar a sus hijos desfigurados a pesar de no haber hecho nada malo, salvo tener la piel oscura. Y aun así no fui testigo de ningún reproche, ansia de venganza o muestra de autocompasión. Lo que veía allí era dignidad.

Pienso en la Brown Chapel porque plantea interrogantes: ¿qué significa ser humano en una época en que el tejido de la vida está siendo desgarrado? ¿Quiénes somos nosotros y qué somos capaces de hacer? ¿Haremos algo? ¿Confiaremos en que otros lo hagan? Creo que la mayoría de la gente no comprende los peligros planetarios y sociales a los que nos enfrentamos. Y si lo supieran es posible que no entendiesen las causas. ¿Pueden surgir en medio del caos creciente comunidades de acción que sean compasivas, eficaces y brillantes? Es bien conocido lo que Einstein dijo sobre la cuestión esencial para la humanidad: saber si el universo es amistoso o no.

¿Dónde situamos los frágiles y huidizos dones de nuestra vida? En aquellos que dicen la verdad, que crean auténticas relaciones con la sociedad y otros seres vivos: un conjunto de seres humanos dispuestos a plantar cara a los insultos vulgares e incesantes que salen de las armas, las chequeras y las políticas de las grandes empresas y los Gobiernos. Quienes no sienten dolor por el estado del mundo carecen de amor, porque el dolor es una medida del amor que uno experimenta. La difunta poeta Mary Oliver concede que exista una vida sin amor, pero «no vale una moneda de un centavo abollada ni un zapato desgastado. No vale la carroña de un perro muerto que lleva nueve días sin que lo entierren».

¿Cómo pueden compartirse las verdades del mundo viviente si la mayoría de las personas están urbanizadas y no experimentan el mundo que las rodea? Como ocurre con los médicos y los curanderos, hay gente que ha dedicado la vida a un conocimiento y una comprensión que nosotros no tenemos. Abundan más de lo que uno podría pensar. Son naturalistas, científicos, latinoamericanos, ornitólogos, agricultores, afroamericanos y ciudadanos indígenas del mundo entero que desean compartir su saber y enseñarlo. En esto no estamos solos. Si nos dirigimos al mundo viviente, él se dirigirá a nosotros.

Hay entre nosotros guardianes de la sabiduría cuyas culturas se basan en la reciprocidad. Allí donde prevalece la reciprocidad, todo el mundo se beneficia. Cuando la reciprocidad está ausente, lo que prevalece es la injusticia. Miles de comunidades nativas que fueron tratadas como enemigas, que soportaron una brutalidad y unas atrocidades inconmensurables y cuyas gentes fueron expulsadas de las tierras donde llevaban viviendo desde hacía más de cincuenta mil años, reclaman ahora el lugar que les corresponde como progenitores de una sabiduría respetuosa y restauradora. Resulta instructivo conversar con personas cuyas comunidades han padecido siglos de represión apocalíptica en manos de los colonizadores. Las culturas nativas fueron aniquiladas, les robaron sus tierras, secuestraron a sus hijos y prohibieron sus lenguas. En Botsuana, hasta 1963, uno podía comprar una licencia de caza para matar a miembros de la tribu san. Se las arreglaron para sobrevivir porque la reciprocidad estaba entretejida en sus actividades cotidianas: el ritual, la introspección, la nutrición, el humor, la sinceridad, la ecuanimidad, el trabajo duro, el respeto a los ancianos y el amor a los niños. Los san resistieron gracias a las acciones emprendidas por quienes los habían precedido. Siguen ahí porque encarnan modos de conocimiento arraigados en valores compartidos. El conocimiento ecológico de los indígenas es mucho más relevante que las actas anuales del Foro Económico Mundial o que las deliberaciones de las Naciones Unidas. En pocas palabras, los maestros que necesitamos están ahí, en las comunidades nativas, no en Davos ni en Nueva York.

La cascada de noticias negativas sobre el futuro es abrumadora y desasosegante. El daño que se ha hecho a la totalidad del mundo viviente es enorme. El jefe Oren Lyons, de la nación onondaga, contó una profecía que vaticinaba un tiempo en que la Tierra estará biológicamente agotada y la finalidad de los seres humanos se habrá perdido. Se producirán dos señales. La primera será el viento, que aullará y soplará como jamás lo ha hecho. La actividad humana arrancará y desgarrará la envoltura de la Tierra. La segunda señal serán los niños, a los que se abandonará y no se les prestará atención. ¿Acaso sigue siendo esto una profecía?

La mayoría de nosotros bajamos el volumen para funcionar. Diane Ackerman escribe: «La consciencia, el gran poema de la materia, parece altamente improbable, casi imposible, y, sin embargo, aquí estamos, con nuestra soledad y nuestros sueños gigantescos». La gente siente que algo trascendental está a punto de ocurrir. Según Barry Lopez, «nos encontramos al borde de algo vago pero extraordinario. Algo grande está en el aire, y lo notamos. [...] Sabemos que si queremos que este sea un verdadero hogar, debemos hacer modificaciones monumentales. [...] Debemos volvernos los unos hacia los otros y sentir en el fondo de nuestro ser que esto es posible».

Lopez nos da un consejo: «Si temes lo que puede suceder en el futuro, busca a una persona a la que respetes que no actúe impulsada por el miedo». Si te sientes abrumado, lee la biografía de Sojourner Truth o la de Cesar Chavez. Si crees que ser amable, respetuoso y cortés no sirve para nada, escucha a Jane Goodall [fallecida en el 2025] y a Robin Wall Kimmerer. Si te sientes ineficaz, sé el mentor de un niño, cura a un animal herido, alimenta a los hambrientos. Si estás cansado de abrigar esperanzas en vano, lee *Original Ins-*

tructions [Instrucciones originales], escrito y editado por Melissa Nelson, miembro de la tribu de los Turtle Mountain Band de los chippewas (también llamados «ojibwas»). Para evitar que tu mente empiece a derrumbarse, sal de casa. Sustituye el conocimiento digitalizado por la experiencia directa. Toca los objetos. Arregla y ocúpate de que reviva una franja de tierra, algún terreno mancillado, un hábitat, un patio trasero, una relación. Mientras asaltamos la Bastilla de la ignorancia empresarial y la corrupción política, introduzcamos plantas nativas en nuestro entorno que proporcionen alimento y refugio a los polinizadores y las aves. Aprende sus nombres y sus características. Wendell Berry nos aconseja que mantengamos la alegría aunque conozcamos todos los hechos. Si bien da la impresión de que la humanidad se enfrenta a lo que parece un final del juego imposible de superar, causado por la ignorancia, la agresión y la codicia, también vivimos en el período más brillante de la historia humana. La renovación es resultado de las perturbaciones. Hay avances asombrosos que surgen de disrupciones, maneras de ver y actuar en el mundo que hacen revivir a grandes sectores de la humanidad. El don que se encuentra en el fondo de la miríada de crisis es el descubrimiento de un nuevo propósito. Todo el mundo anhela una vida con sentido. Regenerar el mundo es el viaje hacia esa posibilidad. Panoramas despejados. La diversidad de voces, organismos sociales y entidades que están emergiendo en todo el mundo hacen un ensayo del futuro. Mientras escribía esta frase, una mariposa cola de golondrina ha entrado por la ventana y se ha quedado un momento aleteando por encima del teclado antes de reanudar su vuelo.

El cambio y el asombro, la duda y el temor van de la mano. Esta es la era innominada. Se predijo, pero el destino común de las profecías es que se les haga caso omiso. Las instituciones monstruosas que arrojan desechos al mar, a la tierra y sobre la gente no pueden perdurar. Las soluciones empresariales de arriba abajo para salvar la vida en la Tierra son bienintencionadas, pero fracasarán porque la naturaleza no actúa de arriba abajo.

Un comienzo está cerca, nos encontramos ante un umbral, por lo que también habrá un final. Los cambios significativos, sin excepción, empiezan con una persona, una idea, una aspiración, un sueño audaz. La singularidad es tu derecho de nacimiento, es la simiente de la comunidad. Plántala y verás lo que sucede. El pesimismo y la melancolía son telarañas, debes apartarlas. Buscamos una reconciliación con la Madre Tierra, lo que Stephan Harding llama «la vasta y misteriosa inteligencia primordial que no cesa de dar nacimiento a todo cuanto existe [...], que sustenta todo lo que es». Comemos, bebemos, amamos y respiramos gracias a este manto de vida. ¿Lo apreciamos o lo perdemos? No puedes ser cauto y valeroso al mismo tiempo, es preciso elegir. Concéntrate en lo que tienes delante de ti. Concédete permiso para fracasar. Deja margen para los puntos débiles, el humor y la risa. Busca movimientos regeneradores para los que puedas cantar y bailar, a fin de que la creación no «toque para una sala vacía».

Las creencias no cambian nuestras acciones, son estas las que cambian nuestras creencias. Las realidades complejas empiezan como actos sencillos (encanto, humildad, respeto, imaginación y gratitud constante) que ofrecen aperturas más amplias al mundo viviente. Monica Gagliano propone que dejemos de jugar a ser Dios y juguemos a ser comadronas. No podemos salvar el planeta; se salvará a sí mismo. Es innatamente regenerador. Se nos invita a honrar al mundo que está ante nosotros. El mundo viviente es nuestro mejor amigo.

Allí donde te encuentras es donde eres más efectivo. El poder para actuar no radica en otra parte. Es preciso satisfacer los derechos humanos y las necesidades fundamentales. Todo el mundo en la Tierra viene en primer lugar; no hay segundo lugar. Reanima, honra y nutre las vidas silvestres y generosas que siempre nos asombran con su esplendor y su elegancia. El movimiento para restaurar la vida en la Tierra no es un trabajo de reparación. Es transformador, una experiencia del yo totalmente nueva, la consciencia visceral de que nuestra vida coincide con la de todos los seres del planeta. Nuestra intención y nuestra recompensa son lo mismo: experimentar y expresar nuestra conexión irrevocable con todos los seres. Es la única manera que tenemos de seguir adelante.

Agradecimientos

La creación de un libro es un proceso que comporta recopilar, escuchar, interrogar, leer y observar. Se forma un núcleo, tal vez un título provisional, y lo que era una idea se convierte en una semilla que empieza a delinear una estructura con flujos interconectados. Es posible que los huesos del libro encajen, pero el éxito nunca está incluido. La confección de un libro tanto puede llevar un año como una década. Mis libros empiezan con curiosidad, con un deseo de descubrir, no son consecuencia de la pericia o de un amplio conocimiento previo. *Carbono* no es un libro sobre lo que sé. Espero que sea un libro sobre lo que se sabe. A tal fin, las relaciones juegan un papel esencial. Estos agradecimientos son una expresión de gratitud a los autores, amigos, soñadores, poetas, maestros y eruditos que han embellecido mi vida y alimentado mi mente.

En primer lugar, están Joe Spieler, mi agente de toda la vida, un hombre de confianza, paciente y prudente, que nunca me ha impuesto una planificación, y mi divertido y cultivado editor, Rick Kot, que jamás ha dudado de mi resolución. Rick y yo firmamos el contrato de *Carbono* hace más de diez años. El retraso se debe a que primero quería escribir otros dos libros, *Drawdown* [Reducción] y *Regeneration* [Regeneración]. Durante esa década, Joe y Rick no perdieron la calma y se mostraron comprensivos conmigo. Me complace expresarles mi reconocimiento por la fe que depositaron en mí. Los dos son baluartes de erudición y bondad. Y una gran reverencia de gratitud a Allison Lorentzen y su equipo de Viking, que se hizo cargo a la perfección de las tareas editoriales cuando Rick Kot se jubiló. Me sentí apoyado en todos los aspectos por su competencia y por su confianza en el libro.

Doy las gracias a mis familiares Palo Hawken, Anastasia Hawken y, en especial, a quienes intervinieron directamente: mi querida esposa Jasmine, mi hija Iona y mi hijo Jonathan, cuyo apoyo inquebrantable fue una bendición para mí. A veces flaqueo y cuestiono el mérito de lo que escribo. Ellos nunca lo hicieron. También me inspiraron y animaron algunos amigos extraordinarios: David James Duncan me enseña a escribir cada vez que le oigo hablar o leo su obra. De David he aprendido a concentrarme en lo que vale la pena saberse. En el otro lado del «conocimiento», me recuerda que nunca debo olvidar, en palabras del poeta Khwaja Mir Dard, que no hay escasez de ángeles entre nosotros. No puedo recalcar lo suficiente la influencia de Barry Lopez ni expresar lo mucho que le aprecian y echan de menos tantas personas que trabajan para restaurar y honrar el mundo natural. Su importancia nunca dejará de aumentar. Me honra tener por vecina a Melissa Nelson, miembro de la tribu de los Turtle Mountain Band de los chippewas, cuyos sabios consejos rezuman la vitalidad naciente y el buen juicio de las Primeras Naciones. Me nutro de mi estimado amigo Anthony James, que a través de sus pódcast recorre alegremente los dilemas de la Tierra. Me estimula Alexa Firmenich, que con gran elocuencia mezcla los paisajes exteriores e interiores de nuestra atribulada civilización. Me asombra Javier Peña, mi hermano español, que con su profundo conocimiento, solícita tenacidad y encanto inocente anima incansablemente a millones de personas para que entren en acción. Y siento un respeto sin límites por Chhaya Bhanti, activista de la India asombrosamente eficaz, que está transformando la ecología de la energía, el agua y la agricultura del norte de su país.

La persona más sobresaliente que conozco en el campo de la regeneración es Damon Gameau, de Australia. Es un magnífico y entregado cineasta con una notable e inigualada capacidad para fomentar la comunidad, el conocimiento y la acción por medio de la narrativa. Ha sido para mí un sostén la influencia durante décadas de mi viejo amigo Van Jones, la hondura de cuya sabiduría nunca deja de aumentar en importancia y alcance. Me alegra profundamente AY Young, el cantante más moderno del movimiento regenerativo, que en una sola actuación da más a su público de lo que cabe imaginar. Saludo a la querida Jane Goodall, la sabia abuela de la Tierra, que ha entregado su vida al bienestar del prójimo. La mente incesantemente imaginativa de Báyò Akómoláfé sigue animando y sorprendiendo, abriendo y revelando las angosturas de mi pensamiento. Es capaz de alterar cada aspecto y concepto de modernidad, incluida la misma lengua inglesa, de maneras que te llenan de asombro y fascinación.

Dos personas en particular permanecieron a mi lado durante este viaje, a las duras y a las maduras. Conocí a Julia Jackson cuando años atrás entró en el camerino con uno de mis libros, forrado de papel amarillo, con las esquinas de las páginas dobladas y la encuadernación despegándose. Desde entonces se ha convertido en una partidaria incondicional de mi obra, así como en lo que otras culturas podrían llamar una «chamana»: una maestra tranquila y silenciosa de la no dualidad, que proporciona apoyo emocional y espiritual ante las tribulaciones a las que el mundo se enfrenta. Katie Gray ha dedicado su vida a ayudar al prójimo para que descubra que el amor que anhelamos reside a manos llenas en nuestros corazones. En una época en la que muchos se sienten profundamente desconectados del mundo social y natural, su presencia nos enseña la manera de volver al hogar.

Hay escritores, a los que nunca he conocido personalmente, que catalizan mis vías neuronales con la hondura de su pensamiento: Merlin Sheldrake, Andri Snær Magnason, Melanie Challenger, Amitav Ghosh, Monica Gagliano, Robin Wall Kimmerer, Peter McCoy, Dara McAnulty, Camilla Pang, Ed Yong, Eric Roston, Carl Zimmer, la fallecida Karen Bakker, Fred Provenza, Zoë Schlanger, Stefano Mancuso y Stephen Buchmann. Michael Pollan y David Montgomery, a los que sí conozco, forman parte del grupo de los autores mencionados.

Mi más sincera gratitud a Isabella Tree y Charlie Burrell por alojarme en la hacienda Knepp. Su trabajo de recuperación de la naturaleza solo puede considerarse espectacular. Un día nos daremos cuenta de que sus descubrimientos brillantes y sin pretensiones están a la altura de los de Alfred Russel Wallace y Jane Goodall. Mis respetos a la princesa heredera Victoria de Suecia por su amistad y su dedicación constante al medio ambiente y al bienestar humano. La imagen de la sobrecubierta de la edición original es de un extraordinario fotógrafo y amigo que vive en Chile, Chris Jordan. Tengo un centenar de sus fotografías en mi disco duro, y cada una de ellas merece un libro y una cubierta.

Son unas imágenes singulares por las que le estoy profundamente agradecido. Toby Kiers, una maga del mundo fúngico, inspiró todo un capítulo. Su efervescencia y su alegría pueden convertirte en un fungófilo para siempre.

A lo largo del proceso de escritura me apoyaron muchos amigos: Haley Melin, Aileen Getty, Tad Buchanan, Liangbing Hu, Alex Lau, Erik Snyder, Josh Felser, Liesl Copland, Adam Parr, Rob Cameron, Peter Coyote, Bill McGlashan, Zana Briski, Alec Webb, Michael Stusser, Cynthia Hardy, John Hardy, Brandee Alessandra, Martin Goebel, Damien Sabella, Per Spen Stoknes, Megan Camp, Justin Winters, Michelle Best, Jib Ellison, Elson Haas, Cecily Mak, Federico Mennella, Charles Massy, Lilian Reisenfeld, Dave Chapman, Mark Hyman, Janet Mumford, Soren Gordhamer, Kathryn Marshall, Rachel Vestergard, Maisa Arias y muchos más. Que me perdonen aquellos cuyos nombres no haya mencionado.

Inclino la cabeza ante Jack Kornfield, Tara Brach y Jon Kabat-Zinn, quienes me recuerdan constantemente que, si bien los dilemas que surgen de los deseos humanos son infinitos, la capacidad humana para la compasión, la bondad y la abnegación también es ilimitada.

Estoy eternamente en deuda con Roz Zander, cuya colaboración, sabios consejos y amabilidad me nutrieron durante décadas, hasta su fallecimiento prematuro ahora hace un año. Jamás la olvidaré.

Notas

Capítulo 1: Carbono

13 **Hay cosas que debemos hacer:** Báyò Akómoláfé, «Welcome, Traveller: Foreword», https://www.bayoakomolafe.net/.

14 **atiendo a voces que ven el planeta sin la superposición de las amenazas:** Báyò Akómoláfé e Indy Johar, «The Edges in the Middle, III: Akómoláfé, Báyò and Johar Indy», en *For the Wild*, 24 de mayo del 2023, producción de *For the Wild*, pódcast, audio MP3, 58:51, https://forthewild.world/listen/the-edges-in-the-middle-bayo-and-indy.

14 **Hay mujeres y hombres que mezclan la sabiduría que muestran los indígenas en sus observaciones con la ciencia occidental:** Camilla Pang, *Explaining Humans: What Science Can Teach Us About Life, Love and Relationships*, Penguin, Londres, 2021. [Trad. esp. de Elena González García: *Cómo ser humano: lo que la ciencia nos enseña sobre la vida, el amor y las relaciones*, Ático de los Libros, Barcelona, 2021.]

16 **el valor de una ballena azul:** Ralph Chami *et al.*, «Nature's Solution to Climate Change», en *Finance & Development*, vol. 56, núm. 4 (diciembre del 2019), págs. 34-38, https://www.imf.org/-/media/files/publications/fandd/article/2019/december/natures-solution-to-climate-change-chami.pdf.

16 **el comercio está eliminando la vida:** «Destruir la Tierra para pagar dividendos» es una reformulación de una frase procedente de las charlas de Gabor Maté.

17 **«... necesitamos un cambio en la visión del mundo...»:** Robin Wall Kimmerer, «The Turtle Mothers Have Come Ashore to Ask About an Unpaid Debt», en *The New York Times*, 22 de septiembre del 2023, https://www.nytimes.com/2023/09/22/opinion/climate-change-turtles-refugees.html.

17 **La tarea de la modernidad consiste en reconocer que nuestra existencia se apoya en la totalidad de la vida planetaria:** Akómoláfé y Johar, «The Edges in the Middle, III: Akómoláfé, Báyò and Johar Indy».

17 **La economía global está atravesando una gigantesca transición energética:** Eric Roston, «Corporate Net-Zero Goals Don't Add Up to a Net-Zero Planet», en *Bloomberg*, 27 de junio del 2022, https://www.bloomberg.com/news/articles/2022-06-27/companies-net-zero-emissions-goals-don-t-add-up.

17 **«intentamos diseñar la vida a nuestra manera mientras la matamos tal cual es»:** Melanie Challenger, *How to Be Animal: A New History of What It Means to Be Human*, Penguin, Nueva York, 2021, pág. 211. [Trad. esp. de Ana Herrera Ferrer: *El animal que somos: una nueva historia de lo que significa ser humano*, Roca, Barcelona, 2021.]

17-18 **Durante los miles de millones de años que abarca la historia de la Tierra:** Judith Schwartz, «Doing the Impossible», en *The RegenNarration*, episodio 175, 1 de agosto del 2023, producción de The RegenNarration, pódcast, audio MP3, 1:22:44, https://www.regennarration.com/episodes/175-judith-schwartz.

18 **«Nuestras ciudades e industrias han dejado sus huellas en el suelo...»:** Challenger, *How to Be Animal*, pág. 2.

18 **Sustituir los combustibles fósiles por energías renovables es crucial pero insuficiente:** Julia Janicki *et al.*, «The Collapse of Insects», en *Reuters*, 6 de diciembre del 2022, https://www.reuters.com/graphics/GLOBAL-ENVIRONMENT/INSECT-APOCALYPSE/egpbykdxjvq/. Jan Konietzko acuñó la expresión «visión de túnel del carbono» [la tendencia a centrarse en las emisiones de gases de efecto invernadero como solución del cambio climático, dejando de lado otros aspectos esenciales,

como la reducción de la biodiversidad] en «Moving Beyond Carbon Tunnel Vision with a Sustainability Data Strategy», en *Cognizant*, 8 de febrero del 2022, https://www.cognizant.com/us/en/insights/insights-blog/moving-beyond-carbon-tunnel-vision-with-a-sustainability-data-strategy-codex7121.

18 **la «danza del carbono»:** Eric Roston, *The Carbon Age: How Life's Core Element Has Become Civilization's Greatest Threat*, Walker, Nueva York, 2008. Es un libro antiguo, pero el carbono es atemporal. Sin duda, se trata de la mejor obra sobre el asunto, escrita por un periodista de talla mundial. Uno de sus capítulos se titula «Dancers and the Dance: The Origins of Life» [Los danzarines y la danza: los orígenes de la vida].

20 **cada comunidad celular alberga cien billones de átomos:** Ian A. Hatton *et al.*, «The Human Cell Count and Size Distribution», en *Proceedings of the National Academy of Sciences*, vol. 120, núm. 39 (18 de septiembre del 2023), art. e2303077120, https://www.pnas.org/doi/epdf/10.1073/pnas.2303077120.

21 **En la era de la Ilustración, la ciencia occidental se convirtió en la piedra de toque:** Monica Gagliano, *Thus Spoke the Plant: A Remarkable Journey of Groundbreaking Scientific Discoveries & Personal Encounters with Plants*, North Atlantic Books, Berkeley (California), 2018, pág. 87 [trad. esp. de Blanca González Villegas: *Así habló la planta: la consciencia secreta de las plantas y la sorprendente comunicación con ellas y entre ellas*, Gaia, Móstoles, 2020]; Ray Archuleta, «Plant and Soil Are One», presentado en Natural Resources Conservation Service Training, Ames (Iowa), primavera del 2014, vídeo, 1:30:16, https://www.youtube.com/watch?v=FQEKlm4DOdw.

22 **«Ojalá esta década traiga algo más que soluciones...»:** Akómoláfé, «Welcome, Traveller: Foreword».

Capítulo 2: Los elementos

23 **El carbono es el más misterioso de todos los elementos:** Roston, *The Carbon Age*, pág. 28.

24 **En la digestión descomponemos moléculas de carbono:** Annie Dillard, *An American Childhood*, Cannongate, Lon-

dres, 2016, pág. 28. «La piel era tierra, era suelo. Incluso en mi propia piel veía los trapezoides unidos de las motas de polvo que Dios había humedecido y pegado con su saliva la mañana que hizo a Adán con barro.»

24 **Al margen de lo que creamos:** Matthew J. Shribman, «The Biggest Communication Failure in History», en *The Nature of Nature*, 29 de septiembre del 2023, https://matthewshribman. substack.com/p/the-biggest-communication-failure?utm_ campaign=post&utm_medium=web.

24-25 **el aumento de los niveles de dióxido de carbono atmosférico calentaría la atmósfera terrestre:** Clive Thompson, «How 19th Century Scientists Predicted Global Warming», en *JSTOR Daily*, 17 de diciembre del 2019, https://daily.jstor.org/ how-19th-century-scientists-predicted-global-warming/.

26 **Aunque constituye un porcentaje del universo asombrosamente pequeño:** Roston, *The Carbon Age*, pág. 26.

28 **Mientras escribo estas líneas:** Caroline Hickman *et al.*, «Climate Anxiety in Children and Young People and Their Beliefs About Government Responses to Climate Change: A Global Survey», en *The Lancet Planetary Health*, vol. 5, núm. 12 (diciembre del 2021), págs. e863-e873, https://www.thelancet.com/ journals/lanplh/article/PIIS2542-5196(21)00278-3/fulltext.

28 **En el 2021, una encuesta internacional entre jóvenes de dieciséis a veinticinco años:** Hannah Ritchie, «Stop Telling Kids They'll Die from Climate Change», en *Wired*, 1 de noviembre del 2021, https://www.wired.com/story/stop-telling-kids-theyll-die-from-climate-change/.

28 **El mensaje climático cae en saco roto:** Shribman, «The Biggest Communication Failure in History».

28 **Entre los miles de millones de peces, gambas y moluscos se cuentan los copépodos:** «Migration in the Ocean Twilight Zone», Woods Hole Oceanographic Institution, https://twilight-zone.whoi.edu/explore-the-otz/migration/.

29 **En el océano, su migración nocturna a la superficie rica en alimento:** Allen Collins, «What Is Vertical Migration of Zooplankton and Why Does It Matter?», National Oceanic and Atmospheric Administration, 28 de octubre del 2021, https:// oceanexplorer.noaa.gov/ocean-fact/vertical-migration/.

29 **las capas de la superficie oceánica:** Shribman, «The Biggest Communication Failure in History».

Capítulo 3: El firmamento

34 **En el transcurso de miles de millones de años:** Robert M. Hazen, *Symphony in C: Carbon and the Evolution of (Almost) Everything*, HarperCollins, Nueva York, 2019, pág. 19.

34-35 **«un haz de espacio vacío y electricidad antigua...»:** Challenger, *How to Be Animal*, pág. 200.

35 **En el 2023, unas imágenes del telescopio espacial James Webb:** Daniel Clery, «Earliest Galaxies Found by JWST Confound Theory», en *Science*, vol. 379, núm. 6639 (2023), págs. 1280-1281, https://pubmed.ncbi.nlm.nih.gov/36996209/.

37 **Rememorando aquella época de debate e incertidumbre:** Natalie Wolchover, «A Primordial Nucleus behind the Elements of Life», en *Quanta Magazine*, 4 de diciembre del 2012, https://www.quantamagazine.org/the-physics-behind-the-elements-of-life-20121204/.

38 **Una vez revelado el modo en que las partículas alfa (helio) podían convertirse en carbono:** *ibid*.

39 **El manto de la Tierra:** «Scientists Catalogue Earth's Total Carbon Store», en *BBC*, 1 de octubre del 2019, https://www.bbc.com/news/av/science-environment-49899042.

40 **Hoy en día, cuando los físicos describen la clase de coincidencias imprescindibles para crear la base de la vida:** Fred Hoyle, *The Nature of the Universe*, Harper & Brothers, Nueva York, 1950; Roston, *The Carbon Age*, pág. 6; Wolchover, «A Primordial Nucleus behind the Elements of Life».

40 **«han descubierto que la vida en el universo depende de una serie altamente improbable de fuerzas y características...»:** Stephen C. Meyer, *Return of the God Hypothesis: Three Scientific Discoveries That Reveal the Mind Behind the Universe*, HarperCollins, Nueva York, 2021, pág. 204, Kindle.

Capítulo 4: Compañeros de celda

44 En la escuela nos enseñaban que la vida es una lucha competitiva: Merlin Sheldrake, *Entangled Life: How Fungi Make Our Worlds, Change Our Minds & Shape Our Futures*, Random House, Nueva York, 2020, pág. 210. [Trad. esp. de Ton Gras Cardona: *La red oculta de la vida: cómo los hongos condicionan nuestro mundo, nuestra forma de pensar y nuestro futuro*, GeoPlaneta, Barcelona, 2020.]

46 «animálculos», término acuñado por Anton Philips van Leeuwenhoek: Laura Poppik, «Let Us Now Praise the Invention of the Microscope», en *Smithsonian*, 30 de marzo del 2017, https://www.smithsonianmag.com/science-nature/what-we-owe-to-the-invention-microscope-180962725/.

46 El maestro fabricante de microscopios: Karen Bakker, *The Sounds of Life: How Digital Technology Is Bringing Us Closer to the Worlds of Animals and Plants*, Princeton University Press, Princeton (Nueva Jersey), 2022, pág. 376, Kindle.

47 «si los virus carecen de vida, entonces la falta de vida está hilvanada en nuestro ser»: Carl Zimmer, *Life's Edge: The Search for What It Means to Be Alive*, Dutton, Nueva York, 2021.

49 Las ciencias físicas dividen, aíslan y separan: Challenger, *How to Be Animal*, pág. 217.

50 Marte no solo es el segundo planeta más cercano a nosotros, sino que ha sido objeto de interminables especulaciones: Erik Washam, «Lunar Bat-men, the Planet Vulcan and Martian Canals», en *Smithsonian*, diciembre del 2010, https://www.smithsonianmag.com/science-nature/lunar-bat-men-the-planet-vulcan-and-martian-canals-76074171/.

50 El término italiano se interpretó mal: David W. Dunlap, «Life on Mars? You Read It Here First», en *The New York Times*, 1 de octubre del 2015, https://www.nytimes.com/2015/09/30/insider/life-on-mars-you-read-it-here-first.html.

50 En 1895, Percival Lowell observó las mismas vías rectas: Kat Eschner, «The Bizarre Beliefs of Astronomer Percival Lowell», en *Smithsonian*, 13 de marzo del 2017, https://www.smithsonianmag.com/smart-news/bizarre-beliefs-astronomer-percival-lowell-180962432/.

52 «la Tierra es, en esencia, un sistema material cerrado...»: Roston, *The Carbon Age*, pág. 28.

54 Debemos permanecer tranquilos y apagar las luces: Avalon C. S. Owens y Sara M. Lewis, «Artificial Light Impacts the Mate Success of Female Fireflies», en *Royal Society Open Science*, vol. 9, núm. 8 (agosto del 2022), art. 220468, https://royalsocietypublishing.org/rsos/article/9/8/220468/96640/Artificial-light-impacts-the-mate-success-of.

54 El sonido y la luz aturden y abruman los sentidos: Annika K. Jägerbrand y Kamiel Spoelstra, «Effects of Anthropogenic Light on Species and Ecosystems», en *Science*, vol. 380, núm. 6650 (15 de junio del 2023), págs. 1125-1130, https://www.science.org/doi/10.1126/science.adg3173.

54 Dos tercios de los invertebrados están activos durante las horas nocturnas: Johan Eklöf, *The Darkness Manifesto: On Light Pollution, Night Ecology, and the Ancient Rhythms That Sustain Life*, Scribner, Nueva York, 2024, pág. 24, Kindle. [Trad. esp. de Francesc Esparza Pagès: *Manifiesto por la oscuridad: cómo la contaminación lumínica amenaza nuestros ritmos de vida*, Rosamerón, Barcelona, 2023.]

55 el atentado terrorista que sufrió el World Trade Center: Ed Yong, *An Immense World: How Animal Senses Reveal the Hidden Realms around Us*, Random House, Nueva York, 2022, pág. 340, Kindle. [Trad. esp. de Blanca Rodríguez y Antonio Rivas: *La inmensidad del mundo*, Urano, Madrid, 2023.]

55 La sensibilidad de que hace gala el *Homenaje de luz*: Annie Novak, «The 9/11 Tribute in Light Is Helping Us Learn About Bird Migration», en *All About Birds*, Cornell Lab of Ornithology, 30 de agosto del 2018, https://www.allaboutbirds.org/news/9-11-tribute-in-light-birds-night-migration/.

58 Cuando la antropofonía converge con la biofonía: Bakker, *The Sounds of Life*, pág. 14, Kindle.

59 Krause regresó en el 2023 a un prado cuyos sonidos había grabado durante treinta años: Phoebe Weston, «No Birdsong, no Water in the Creek, No Beating Wings: How a Haven for Nature Fell Silent», en *The Guardian*, 16 de abril del 2024, https://www.theguardian.com/environment/2024/apr/16/nature-silent-bernie-krause-recording-sound-californian-state-park-aoe.

59 **La naturaleza se ha escuchado a sí misma a lo largo de millones de años:** Bernie Krause, *Voices of the Wild: Animal Songs, Human Din, and the Call to Save Natural Soundscapes*, Yale University Press, New Haven (Connecticut), 2015, págs. 25-26 y 29-30, Kindle; Bakker, *The Sounds of Life*, pág. 307, Kindle.

59 **Actúa basándose en esos sonidos:** Bernie Krause y Almo Farina, «Using Ecoacoustic Methods to Survey the Impacts of Climate Change on Biodiversity», en *Biological Conservation*, vol. 195 (marzo del 2016), págs. 245-254, https://doi.org/10.1016/j.biocon.2016.01.013.

59 **un lenguaje en evolución que no podemos comprender:** Bernie Krause, «The Niche Hypothesis: New Thoughts on Creature Vocalization and the Relationship Between Natural Sound and Music», en *WFAE Newsletter*, junio de 1993.

59 **«un gran silencio se extiende sobre el mundo natural»:** Krause, *Voices of the Wild*, pág. 11, Kindle.

59 **Aunque es posible que la biología no baste para definir la vida:** Nathan Robinson, «A Brain in Each Leg?», en *Conspiracy of Goodness*, episodio 120, 4 de febrero del 2023, producción de Goodness Exchange, pódcast, audio MP3, 1:02:09, https://www.youtube.com/watch?v=FG3Mdw9yrLM.

Capítulo 5: Comer luz de estrellas

61 **Cuando sorbemos, mordemos y masticamos:** Isaac O. Perez *et al.*, «Speed and Accuracy of Taste Identification and Palatability: Impact of Learning, Reward Expectancy, and Consummatory Liking», en *American Journal of Physiology*, vol. 305, núm. 3 (agosto del 2013), págs. R252-R270, https://journals.physiology.org/doi/full/10.1152/ajpregu.00492.2012.

62 **Durante dos millones de años:** «Indigenous Peoples: Respect NOT Dehumanization», Naciones Unidas, https://www.un.org/en/fight-racism/vulnerable-groups/indigenous-peoples. [Disponible en español: «Los pueblos indígenas: respeto, NO deshumanización», https://www.un.org/es/fight-racism/vulnerable-groups/indigenous-peoples.]

62 **En 1492 desembarcó primero en San Salvador:** Barry Lopez, *The Rediscovery of North America*, Vintage, Nueva York, 1992.

62 **los europeos habían experimentado treinta y siete hambrunas:** «List of Famines», entrada de la Wikipedia, editada por última vez el 4 de febrero del 2026, https://en.wikipedia.org/wiki/List_of_famines. [Disponible en español: «Anexo: Grandes hambrunas», https://es.wikipedia.org/wiki/Anexo:Grandes_hambrunas.]

63 **Se calcula que existen trescientas mil plantas comestibles:** John Warren, *The Nature of Crops: How We Came to Eat the Plants We Do*, CABI, Wallingford (Reino Unido), 2015.

64 **Los cuerpos humanos no tienen por qué necesitar la misma alimentación:** «What Is Happening to Agrobiodiversity?», Organización de las Naciones Unidas para la Alimentación y la Agricultura (FAO), https://www.fao.org/4/y5609e/y5609e02.htm.

64 **La pediatra Clara Davis inició su célebre estudio en 1928:** Stephen Strauss, «Clara M. Davis and the Wisdom Of Letting Children Choose Their Own Diets», en *Canadian Medical Association Journal*, vol. 175, núm. 10 (7 de noviembre del 2006), págs. 1199-1201, https://www.cmaj.ca/content/175/10/1199.

64 **«las cuidadoras tenían órdenes de permanecer sentadas con la cuchara en la mano y no hacer ningún movimiento»:** Clara Davis, «Results of the Selection of Diets by Young Children», en *Canadian Medical Association Journal*, vol. 41, núm. 3 (septiembre de 1939), págs. 257-261, https://pmc.ncbi.nlm.nih.gov/articles/PMC537465/.

65 **El pediatra que los atendía:** Benjamin Scheindlin, «"Take One More Bite For Me": Clara Davis and the Feeding of Young Children», en *Gastronomica*, vol. 5, núm. 1 (febrero del 2005), págs. 65-69, https://doi.org/10.1525/gfc.2005.5.1.65.

65 **Fred Provenza ha investigado por qué los seres humanos prefieren comer lo que es nocivo para ellos:** Fred Provenza, *Nourishment: What Animals Can Teach Us About Rediscovering Our Nutritional Wisdom*, Chelsea Green, White River Junction (Vermont), 2018, pág. 20, Kindle. [Trad. esp. de Blanca González Villegas: *Nutrirse: los animales nos ayudan a redescubrir nuestra sabiduría nutricional innata*, Gaia, Móstoles, 2021.]

65 **Ratas con diabetes inducida en el laboratorio adoptarán una dieta rica en proteínas:** Kerstin Rohde, Imke Schamarek y Matthias Blüher, «Consequences of Obesity on the Sense of Taste: Taste Buds as Treatment Targets?», en *Diabetes & Metabolism Journal*, vol. 44, núm. 4 (2020), págs. 509-528, https://doi.org/10.4093/dmj.2020.0058.

65 **Hoy los alimentos azucarados y ultraprocesados:** Tobi Thomas, «More Than a Billion People Worlwide Are Obese, Research Finds», en *The Guardian*, 29 de febrero del 2004, https://www.theguardian.com/society/2024/feb/29/more-than-a-billion-people-worldwide-are-obese-research-finds.

65 **los químicos «sensoriales» saben lo que sucede en la lengua y el paladar:** Nell Boeschenstein, «How the Food Industry Manipulates Taste Buds with "Salt Sugar Fat"», en *NPR*, 26 de febrero del 2013, https://www.npr.org/sections/thesalt/2013/02/26/172969363/how-the-food-industry-manipulates-taste-buds-with-salt-sugar-fat.

66 **Los alimentos ultraprocesados se han diseñado para tentar, atraer y provocar adicción:** Lelia Green, «No Taste for Health: How Tastes Are Being Manipulated to Favour Foods That Are Not Conducive to Health and Wellbeing», en *M/C Journal*, vol. 17, núm. 1 (2014), https://journal.media-culture.org.au/index.php/mcjournal/article/view/785.

66-67 **El consumo de alimentos ultraprocesados se vincula directamente con la depresión:** Huiping Li *et al.*, «Association of Ultraprocessed Food Consumption with Risk of Dementia: A Prospective Cohort Study», en *Neurology*, vol. 99, núm. 10 (6 de septiembre del 2022), págs. e1056-e1066, https://doi.org/10.1212/wnl.0000000000200871.

67 **la industria alimentaria ha cambiado el guion:** Chris van Tulleken, *Ultra-Processed People: Why We Can't Stop Eating Food That Isn't Food*, W. W. Norton, Nueva York, 2023, págs. 5-6, Kindle. [Trad. esp. de Nora Inés Escoms: *La epidemia de los ultraprocesados: por qué comemos cosas que no son comida y cómo dejar de hacerlo*, Urano, Madrid, 2024.]

69 **Los seres humanos podemos detectar más de un billón de estímulos olfativos:** Caroline Bushdid *et al.*, «Humans Can Discriminate More Than 1 Trillion Olfactory Stimuli», en *Science*,

vol. 343, núm. 6177 (21 de marzo del 2014), págs. 1370-1372, https://doi.org/10.1126/science.1249168.

69 **los seres humanos poseemos una mayor capacidad y necesidad de percibir olfativamente el mundo que nos rodea:** Sheldrake, *Entangled Life*, pág. 27.

70 **Se ha creado una base de datos pública:** Albert-László Barabási, Giulia Menichetti y Joseph Loscalzo, «The Unmapped Chemical Complexity of Our Diet», en *Nature Food*, vol. 1 (2020), págs. 33-37, https://doi.org/10.1038/s43016-019-0005-1.

73 **[viviremos en un mundo] «sin memoria, fidelidad ni propósito para el porvenir, y que no honrará el pasado»:** Adrienne Rich, «Natural Resources», en *The Dream of a Common Language: Poems 1974-1977*, W. W. Norton, Nueva York, 1978. [Trad. esp. de Patricia Gonzalo de Jesús: *El sueño de una lengua común*, ed. bilingüe, Sexto Piso, Madrid, 2019.]

Capítulo 6: Ensalada de azúcar

77 **veinticinco millones de estadounidenses padecen asma:** «Most Recent National Asthma Data», U.S. Centers for Disease Control and Prevention, última revisión el 10 de mayo del 2023, https://www.cdc.gov/asthma/most_recent_national_asthma_data.htm.

78 **El 90 % de las verduras consumidas son patatas, tomates, cebollas, lechuga y zanahorias:** «Potatoes and Tomatoes Are America's Top Vegetable Choices», Economic Research Service, U.S. Department of Agriculture, 2015, última actualización el 5 de junio del 2018, https://ers.usda.gov/data-products/charts-of-note/chart-detail?chartId=89173.

78 **nuestros alimentos «son un conjunto de mejunjes...»:** Van Tulleken, *Ultra-Processed People*, pág. 326, Kindle.

79 **sustancias químicas que a lo largo de dos millones de años nunca habían estado presentes en el cuerpo humano:** John Mohawk, «Clear Thinking: A Positive Solitary View of Nature», en Melissa K. Nelson (ed.), *Original Instructions: Indigenous Teachings for a Sustainable Future*, Bear & Company, Rochester (Vermont), 2008, pág. 48, Kindle.

79 **El 75 % de los jóvenes entre dieciocho y veinticuatro años no son aptos para el servicio militar:** Adrian Wooldridge, «A Sick America Can't Compete with China», en *Bloomberg*, 28 de febrero del 2023, https://www.bloomberg.com/opinion/articles/2023-02-28/a-sick-america-can-t-compete-with-china.

79 **El 42 % de los adultos son obesos:** Nicholas Kristof, «How Do We Fix the Scandal That Is American Health Care?», en *The New York Times*, 16 de agosto del 2023, https://www.nytimes.com/2023/08/16/opinion/health-care-life-expectancy-poverty.html.

79 **estamos comiendo explotación:** Van Tulleken, *Ultra-Processed People*, pág. 107, Kindle.

80 **McDonald's eliminó la ensalada:** Colby Hall, «The Surprising Reason McDonald's Ditched This Menu Item», en *Eat This, Not That!*, 23 de junio del 2020, https://www.eatthis.com/mcdonalds-ditched-salads/.

80 **La existencia humana es un flujo de carbono:** Roston, *The Carbon Age*, pág. 26.

81 **Nuestra dieta ha cambiado más en los últimos ciento cuarenta años que en el millón de años anterior:** Dan Saladino, *Eating to Extinction: The World's Rarest Foods and Why We Need to Save Them*, Farrar, Straus and Giroux, Nueva York, 2022, pág. 2. [Trad. esp. de Jacinto Pariente: *Comer hasta la extinción: los alimentos más raros del planeta y por qué es necesario protegerlos*, Col&Col, Málaga, 2024.]

81 **nuestros alimentos se han convertido en «sucedáneos de comida»:** Michael Pollan, *In Defense of Food: An Eater's Manifesto*, Penguin, Nueva York, 2008, pág. 1, Kindle.

81 **Eric Roston describe cómo los seres humanos se infligen daño a sí mismos y a otras formas de vida:** Roston, *The Carbon Age*, pág. 227.

81 **La industria de la comida rápida invierte más de cinco mil millones de dólares:** *Fast Food Facts 2021: Fast Food Advertising, Billions in Spending, Continued High Exposure by Youth*, University of Connecticut Rudd Center for Food Policy & Obesity, Hartford, junio del 2021, https://uconnruddcenter.media.uconn.edu/wp-content/uploads/sites/2909/2024/06/FACTS-Summary-2021.pdf.

82 **El mexicano medio toma 487 latas de Coca-Cola al año:** Daphne Miller, *The Jungle Effect: The Healthiest Diets from around the World – Why They Work and How to Make Them Work For You*, HarperCollins, Nueva York, 2008, pág. 15, Kindle.

82 **Uno de cada seis mexicanos padece diabetes:** «Diabetes Prevalence (% of population ages 20 to 79) – México», Grupo Banco Mundial, https://data.worldbank.org/indicator/SH.STA.DIAB.ZS?locations=MX. [Disponible en español: «Prevalencia de la diabetes (% de la población de 20 a 79 años) – México, https://datos.bancomundial.org/indicador/SH.STA.DIAB.ZS?locations=MX.]

82 **la principal causa de muerte del país:** Jason Beaubien, «How Diabetes Got to Be the No. 1 Killer in Mexico», en *NPR*, 5 de abril del 2017, https://www.npr.org/sections/goatsandsoda/2017/04/05/522038318/how-diabetes-got-to-be-the-no-1-killer-in-mexico.

82 **el país se vio inundado por un maíz estéril de bajo coste:** Laura Carlsen, «Under Nafta, Mexico Suffered, and the United States Felt Its Pain», en *The New York Times*, 24 de noviembre del 2013, https://www.nytimes.com/roomfordebate/2013/11/24/what-weve-learned-from-nafta/under-nafta-mexico-suffered-and-the-united-states-felt-its-pain.

82 **toda su formación médica se centró en la patología:** Weston A. Price, *Nutrition and Physical Degeneration*, Price-Pottenger Nutrition Foundation, 1939.

84 **los alimentos nunca se vendían:** Nelson (ed.), *Original Instructions*, pág. 174, Kindle.

84 **Mohawk recuerda por lo menos veinte variedades de maíz:** *ibid.*

86 **han optado por la prohibición del pan, el maíz, los caramelos, el vacuno, el cerdo y otros alimentos procedentes de Estados Unidos:** Wayne Pacelle, «Banned in 160 Nations, Why Is Ractopamine in U.S. Pork?», en *Live Science*, 26 de julio del 2014, https://www.livescience.com/47032-time-for-us-to-ban-ractopamine.html.

86 **contienen ingredientes considerados tóxicos:** Christina Xenos, «Common US Foods That Are Banned in Other Countries», en *Chicago Tribune*, 3 de noviembre del 2021, https://

stacker.com/stories/food-drink/common-us-foods-are-banned-other-countries.

86 «Nadie tiene que decirle a una planta silvestre...»: Provenza, *Nourishment*, pág. 7, Kindle.

Capítulo 7: Bucky y Bing

89 **La nave espacial Tierra era una metáfora:** El primero en utilizar la idea de la nave espacial Tierra fue Henry George en su libro *Progreso y pobreza*, publicado en 1879: «Es una nave bien aprovisionada en la que navegamos por el espacio».

92 **El descubrimiento se produjo:** «Richard E. Smalley, Robert F. Curl, and Harold W. Kroto», Science History Institute, https://www.sciencehistory.org/education/scientific-biographies/richard-smalley-robert-curl-harold-kroto/.

93 **Ese hallazgo de 1985 cautivó a químicos de todo el mundo:** Judah Ginsberg, *The Discovery of Fullerenes*, American Chemical Society, Washington D. C., 11 de octubre del 2010, https://www.acs.org/content/dam/acsorg/education/whatischemistry/landmarks/fullerenes/discovery-of-fullerenes-commemorative-booklet.pdf.

93 **los fullerenos propiciaron una avalancha de invenciones y usos potenciales:** Li Xiao *et al.*, «The Water-Soluble Fullerene Derivative "Radical Sponge®" Exerts Cytoprotective Action Against UVA Radiation but Not Visible-Light-Catalyzed Cytotoxicity in Human Skin Keratinocytes», en *Bioorganic & Medicinal Chemistry Letters*, vol. 16, núm. 6 (15 de marzo del 2006), págs. 1590-1595, https://doi.org/10.1016/j.bmcl.2005.12.011.

93 **La estructura esférica no se disuelve en agua:** Sergey Emelyantsev *et al.*, «Biological Effects of C_{60} Fullerene Revealed with Bacterial Biosensor – Toxic or Rather Antioxidant?», en *Biosensors*, vol. 9, núm. 2 (2019), pág. 81, https://doi.org/10.3390/bios9020081.

94 **Los fullerenos pueden emplearse para la transferencia de genes:** Rania Bakri *et al.*, «Medicinal Applications of Fullerenes», en *International Journal of Nanomedicine*, vol. 2, núm. 4 (2007), págs. 639-649, https://pubmed.ncbi.nlm.nih.gov/18203430/.

94 la longevidad de unas ratas alimentadas con aceite de oliva que contenía C_{60} casi se duplicaba: Tarek Baati et al., «The Prolongation of the Lifespan of Rats by Repeated Oral Administration of [60] Fullerene», en Biomaterials, vol. 33, núm. 19 (2012), págs. 4936-4946, https://www.sciencedirect.com/science/article/abs/pii/S0142961212003237.

94 Numerosas investigaciones revelaron variaciones de fullerenos: Ayrat Khamatgalimov et al., «Fullerenes C_{100} and C_{108}: New Substructures of Higher Fullerenes», en Structural Chemistry, vol. 32 (2021), págs. 2283-2290, https://doi.org/10.1007/s11224-021-01803-0.

95 Los nanotubos descaman los materiales compuestos: Aasgeir Helland et al., «Reviewing Environmental and Human Health Knowledge Base of Carbon Nanotubes», en Environmental Health Perspectives, vol. 115, núm. 8 (agosto del 2007), págs. 1125-1131, https://pmc.ncbi.nlm.nih.gov/articles/PMC1940104/.

95 insolubles en agua: Rasel Das, Bey Fen Leo y Finbarr Murphy, «The Toxic Truth About Carbon Nanotubes in Water Purification: A Perspective View», en Nanoscale Research Letters, vol. 13, núm. 183 (2018), https://doi.org/10.1186/s11671-018-2589-z.

95 La inhalación de nanotubos y la exposición a ellos: Sudjit Luanpitpong, Liying Wang y Yon Rojanasakul, «The Effects of Carbon Nanotubes on Lung and Dermal Cellular Behaviors», en Nanomedicine, vol. 9, núm. 6 (mayo del 2014), págs. 895-912, https://doi.org/10.2217/nnm.14.42.

96 Quien expresa mejor el optimismo de la ciencia es Mihail Roco: Karen F. Schmidt, Nanofrontiers: Visions for the Future of Nanotechnologies (PEN 6), Woodrow Wilson International Center for Scholar, Project on Emerging Nanotechnologies, Washington D. C., marzo del 2007.

98 se encuentran en los organismos de la mayoría de las personas que viven en la actualidad: Amy Westervelt, «Phthalates Are Everywhere, and the Health Risks Are Worrying. How Bad Are They Really?», en The Guardian, 10 de febrero del 2015, https://www.theguardian.com/lifeandstyle/2015/feb/10/phthalates-plastics-chemicals-research-analysis.

98 **Las regulaciones gubernamentales no pueden seguir el ritmo de las sustancias químicas existentes:** Ravi Naidu *et al.*, «Chemical Pollution: A Growing Peril and Potential Catastrophic Risk to Humanity», en *Environment International*, vol. 156 (2021), https://doi.org/10.1016/j.envint.2021.106616.

98 **las incertidumbres y los riesgos que plantean los fullerenos:** Das, Leo y Murphy, «The Toxic Truth About Carbon Nanotubes in Water Purification: A Perspective View».

101 **El acero es responsable de aproximadamente el 8 % de las emisiones de gas de efecto invernadero:** «What Is the Carbon Footprint of Steel?», Sustainable Ships, https://www.sustainable-ships.org/stories/2022/carbon-footprint-steel.

101-102 **reemplazaría así 1700 millones de toneladas de emisiones anuales debidas a la fabricación del acero:** James Hall, «Cleaning Up the Steel Industry: Reducing CO_2 Emissions with CCUS», en *Carbon Clean*, 28 de enero del 2021, https://www.carbonclean.com/insights/steel-co2-emissions.

Capítulo 8: Seres verdes

103 **La naturaleza no necesita un hogar; es el hogar**: David George Haskell, *The Songs of Trees: Stories from Nature's Great Connectors*, Viking, Nueva York, 2017, pág. 179, Kindle. [Trad. esp. de Guillem Usandizaga: *Las canciones de los árboles: un viaje por las conexiones de la naturaleza*, Turner, Madrid, 2017.]

103 **El roble espinoso mediterráneo puede arder totalmente:** Richard Mabey, *The Cabaret of Plants: Forty Thousand Years of Plant Life and the Human Imagination*, W. W. Norton, Nueva York, 2015, pág. 90.

104 **Una colonia de posidonia descubierta frente a la costa de Ibiza:** Sophie Arnaud-Haond *et al.*, «Implications of Extreme Life Span in Clonal Organisms: Millenary Clones in Meadows of the Threatened Seagrass *Posidonia oceanica*», en *PloS ONE*, vol. 7, núm. 2 (2012), art. e30454, https://doi.org/10.1371/journal.pone.0030454.

104 **Las plantas constituyen una medida de la biodiversidad:** Brian J. Enquist *et al.*, «The Commonness of Rarity: Global

and Future Distribution of Rarity across Land Plants», en *Science Advances*, vol. 5, núm. 11 (27 de noviembre del 2019), https://doi.org/10.1126/sciadv.aaz0414. Los investigadores no creen que el 35,6 % de las especies terrestres deban considerarse «extremadamente raras» por el hecho de que cada una se haya registrado menos de cinco veces en el transcurso de diez años y veinte mil millones de observaciones.

104 **Sin embargo, las praderas, los bosques:** Yinon M. Bar-On, Rob Phillips y Ron Milo, «The Biomass Distribution on Earth», en *Proceedings of the National Academy of Sciences*, vol. 115, núm. 25 (13 de abril del 2018), págs. 6506-6511, https://doi.org/10.1073/pnas.1711842115; «*Hura crepitans* (Sandbox Tree)», BioNET-EAFRINET, https://keys.lucidcentral.org/keys/v3/eafrinet/weeds/key/weeds/Media/Html/Hura_crepitans_(Sandbox_Tree).htm.

104 **las plantas desarrollaron veinte sentidos:** Stefano Mancuso y Alessandra Viola, *Brilliant Green: The Surprising History and Science of Plant Intelligence*, Island Press, Washington D. C., 2015 [trad. esp. de David Paradela López: *Sensibilidad e inteligencia en el mundo vegetal*, Galaxia Gutenberg, Barcelona, 2015]; Mabey, *The Cabaret of Plants*, pág. 3.

105 **La ciencia de las plantas auguraba una extraordinaria exploración del mundo vegetal que daría lugar a nuevos vocablos:** Michael Allaby, *A Dictionary of Plant Sciences*, 3.ª ed., online, Oxford University Press, Oxford (Reino Unido), 2013, https://www.oxfordreference.com/display/10.1093/acref/9780199600571.001.0001/acref-9780199600571.

106 **Burbank plantaba millares de vástagos de una sola variedad:** Lynne Collins, «Luther Burbank: A Biographical Sketch», Luther Burbank Home and Gardens, febrero de 1984, actualizado en septiembre de 1992, https://lutherburbank.org/wp-content/uploads/2023/05/Luther-Burbank-A-Biographical-Sketch.pdf.

107 **Monsanto desarrolló maíz y soja resistentes al glifosato:** Marcus Storm, «First Map Shows Global Hotspots of Glyphosate Contamination», Sydney Institute of Agriculture, Universidad de Sídney, 19 de marzo del 2020, https://www.sydney.edu.au/news-opinion/news/2020/03/19/glyphosate-contamination-global-hotspots-in-world-first-map.html.

107 **Hoy en día, el glifosato es el principal herbicida del mundo:** Christina Gillezeau *et al.*, «The Evidence of Human Exposure to Glyphosate: A Review», en *Environmental Health*, vol. 18, núm. 2 (2019), https://doi.org/10.1186/s12940-018-0435-5.

108 **instalaciones de procesamiento que secan y procesan madera:** «Pellet Mill List», en *Biomass*, https://biomassmagazine. com/plants/list/pellet-mill.

108 **la asombrosa proposición de que quemar árboles contribuye a frenar el cambio climático:** Gabriel Popkin, «There's a Booming Business in America's Forest. Some Aren't Happy About It», en *The New York Times*, 19 de abril del 2021, https:// www.nytimes.com/2021/04/19/climate/wood-pellet-industry-climate.html.

108 **[las plantas] «se han visto reducidas en gran parte a la condición de objetos útiles y decorativos...»:** Mabey, *The Cabaret of Plants*, pág. 4.

109 **Puesto que no se mueven, perciben el entorno de maneras novedosas:** Mancuso y Viola, *Brilliant Green.*

109 **Si son atacadas por insectos, las plantas emiten unos compuestos volátiles:** Ted C. J. Turlings *et al.*, «An Elicitor in Caterpillar Oral Secretions That Induces Corn Seedlings to Emit Chemical Signals Attractive to Parasitic Wasps», en *Journal of Chemical Ecology*, vol. 19 (1993), págs. 411-425, https:// doi.org/10.1007/BF00994314.

110 **El botánico Howard Dittmer:** Howard J. Dittmer, «A Quantitative Study of the Roots and Root Hairs of a Winter Rye Plant *(Secale cereale)*», en *American Journal of Botany*, vol. 24, núm. 7 (1937), págs. 417-420, https://www.jstor.org/ stable/2436424.

111 **Las raíces emiten sonidos y unos chasquidos generados eléctricamente:** František Baluška *et al.*, «The "Root-Brain" Hypothesis of Charles and Francis Darwin: Revival after More than 125 Years», en *Plant Signaling & Behavior*, vol. 4, núm. 12 (2009), págs. 1121-1127, https://doi.org/10.4161/psb.4.12.10574.

111 **Si Mancuso está en lo cierto:** Killian Fox, «Botanist Stefano Mancuso: "You Can Anaesthetise All Plants. This Is Extremely Fascinating"», en *The Guardian*, 15 de abril del 2023, https://www.theguardian.com/environment/2023/apr/15/scientist-

stefano-mancuso-you-can-anaesthetise-all-plants-this-is-extremely-fascinating-tree-stories.

112 **¿Cuál era la señal? ¿Cómo se coordinaban los árboles?:** Walter D. Koenig, «A Brief History of Masting Research», en *Philosophical Transactions of the Royal Society B*, vol. 376, núm. 1839 (2021), art. 20200423, https://doi.org/10.1098/rstb.2020.0423.

112 **En los bosques de las tierras bajas de Borneo:** Rhett A. Butler, «Borneo», en *Mongabay*, última actualización el 29 de junio del 2020, https://worldrainforests.com/borneo/.

113 **¿Es posible que árboles y plantas escuchen de alguna manera que no los comprendemos?:** Melanie Jones, Jason Hoeksema y Justine Karst, «Where the "Wood-Wide Web" Narrative Went Wrong», en *Undark*, 25 de mayo del 2023, https://undark.org/2023/05/25/where-the-wood-wide-web-narrative-went-wrong/.

114 **Los perritos de las praderas utilizan adjetivos y dialectos:** Patricia Dennis, Stephen M. Shuster y Con N. Slobodchicoff, «Dialects in the Alarm Calls of Black-Tailed Prairie Dogs *(Cynomys ludovicianus)*: A Case of Cultural Diffusion?», en *Behavioural Processes*, vol. 181 (2020), art. 104243, https://doi.org/10.1016/j.beproc.2020.104243.

114 **Un estudio reciente indica que el elefante dirige sus sonidos graves a individuos específicos:** Kate Golembiewski, «Every Elephant Has His Own Name, Study Suggests», en *The New York Times*, 10 de junio del 2024, https://www.nytimes.com/2024/06/10/science/elephants-names-rumbles.html.

114 **¿Existe un lenguaje de las plantas?:** Gagliano, *Thus Spoke the Plant*, pág. 69.

117 **«El lenguaje de las plantas...»:** Provenza, *Nourishment*, pág. 20, Kindle.

117 **Introdujo un tiesto con albahaca en un cilindro de plexiglás sellado:** Gagliano, *Thus Spoke the Plant*, pág. 34.

118 **Esto es algo que se observa en paisajes abiertos:** Monica Gagliano *et al.*, «Out of Sight but Not Out of Mind: Alternative Means of Communications in Plants», en *PloS ONE*, vol. 7, núm. 5 (2012), art. e37382, https://doi.org/10.1371/journal.pone.0037382.

118 **las plantas emiten y perciben señales acústicas ultra-sónicas cuando se estresan:** Muhammed Waqas, Dominique Van Der Straeten y Christoph-Martin Gellfus, «Plants "Cry" for Help Through Acoustic Signals», en *Trends in Plant Science*, vol. 28, núm. 9 (septiembre del 2023), págs. 984-986, https://pubmed.ncbi.nlm.nih.gov/37344301/.

118 **¿Cómo reconocen los ápices de las raíces del maíz un sonido beneficioso que nunca habían oído hasta ese momento?:** Monica Gagliano, Stefano Mancuso y Daniel Robert, «Towards Understanding Plant Bioacoustics», en *Trends in Plant Science*, vol. 17, núm. 6 (junio del 2012), págs. 323-325, https://doi.org/10.1016/j.tplants.2012.03.002.

119 **Zoë Schlanger apunta que solo los hombres protestan ruidosamente y la interrumpen:** Zoë Schlanger, *The Light Eaters: How the Unseen World of Plant Intelligence Offers a New Understanding of Life on Earth*, HarperCollins, Nueva York, 2024, pág. 115, Kindle. [Trad. esp. de Montserrat Asensio: *Las devoradoras de luz: cómo la inteligencia de las plantas ofrece una nueva comprensión de la vida en la Tierra*, Paidós, Barcelona, 2025.]

119 **Sin embargo, esos mismos botánicos admiten sin tapujos:** *ibid.*, págs. 109-110, Kindle.

120 **«cada pensamiento que cruza por nuestra mente...»:** *ibid.*, pág. 28, Kindle.

120 **La ciencia botánica está descubriendo un mundo extraordinariamente distinto:** *ibid.*, pág. 247, Kindle.

121 **¿y si toda la planta fuera una clase de cerebro?:** *ibid.*, pág. 100, Kindle.

121 **qué es más importante para el planeta, si las plantas o los seres humanos:** Jason Daley, «Humans Make Up Just 1/10,000th of Earth's Biomass», en *Smithsonian*, 25 de mayo del 2018, https://www.smithsonianmag.com/smart-news/humans-make-110000th-earths-biomass-180969141/.

122 **los restos de nuestra civilización quedarían cubiertos por árboles, raíces y enredaderas:** Bar-On, Phillips y Milo, «The Biomass Distribution on Earth».

Capítulo 9: Un reino interconectado

123 **Una espora cuyo momento ha llegado:** Peter McCoy, *Radical Mycology: A Treatise on Seeing & Working with Fungi*, Chthaeus Press, Portland (Oregón), 2016.

124 **Los hongos son el tejido conectivo del planeta:** Merlin Sheldrake, «Mycelial Landscapes: A Conversation with Merlin Shelkdrake and Barney Steel, Moderated by Emmanuel Vaughan-Lee», en *Emergence Magazine*, 12 de febrero del 2024, producción de *Emergence Magazine*, pódcast, audio MP3, 1:06:22, https://emergencemagazine.org/conversation/mycelial-landscapes/.

124 **El ecólogo R. H. Whittaker los identificó como uno de los cinco reinos:** McCoy, *Radical Mycology*, pág. 2.

125 **Los micelios son filamentos vegetativos de hongos:** Sheldrake, *Entangled Life*, pág. 46.

125 **Se han encontrado esporas viables en núcleos de hielo:** McCoy, *Radical Mycology*, pág. 11.

125 **Los hongos micorrízicos que impregnan y nutren el suelo:** David Hawksworth, «Mycology, A Neglected Megascience», en Mahendra Rai y Paul D. Bridge (eds.), *Applied Mycology*, Centre for Agriculture and Bioscience International, Wallingford (Reino Unido), 2009, pág. 2.

125 **El matrimonio de los hongos y las plantas:** McCoy, *Radical Mycology*, pág. 21.

125-126 **En algún momento de ese período, las cianobacterias:** Heidi Ledford, «Billion-Year-Old-Fossils Set Back Evolution of Earliest Fungi», en *Nature*, 22 de mayo del 2019, https://doi.org/10.1038/d41586-019-01629-1.

126 **desde el delicado zooplancton hasta la ballena azul barbada:** Ed Yong, «Blue Whales Can Eat Half a Million Calories in a Single Mounthful», en *National Geographic*, 9 de diciembre del 2010, https://www.nationalgeographic.com/science/article/blue-whales-can-eat-half-a-million-calories-in-a-single-mouthful.

126 **Las semillas de las gramíneas –arroz, maíz y trigo– proporcionan el 60 % del consumo de calorías de la humanidad:** «Staple Foods: What Do People Eat?», Organización de las Na-

ciones Unidas para la Alimentación y la Agricultura (FAO), https://www.fao.org/4/u8480e/u8480e07.htm.

128 **el 90 % de los suelos del planeta:** Peter McCoy, «On Fungi and the Birth of the Modern Psyche», en *For the Wild Podcast*, episodio 37, 20 de julio del 2016, producción de *For the Wild*, pódcast, audio MP3, 57:57, https://forthewild.world/listen/ peter-mccoy-on-fungi-and-the-birth-of-the-modern-psyche-part-1.

128-129 **Las estrategias comerciales entre plantas y hongos eran complejas y sofisticadas:** Gabriel Popkin, «Soil's Microbial Market Shows the Ruthless Side of Forests», en *Quanta Magazine*, 27 de agosto del 2019, https://www.quantamagazine. org/soils-microbial-market-shows-the-ruthless-side-of-forests-20190827/.

129-130 **exclusivos del lugar donde se encuentran y cambian a medida que lo hace su entorno:** Giuliana Furci, «The Inner Lives of Fungi», en *Life Worlds*, episodio 3, producción de Alex Ferminich, agosto del 2022, pódcast, audio MP3, 57:14, https:// www.lifeworld.earth/episodes-blog/fungigiulianafurci.

130 **se conoce menos del 10 % de las especies de hongos:** Patrick Greenfield, «"Unchartered Territory": More than 2m Fungi Species Yet to Be Discovered, Scientists Say», en *The Guardian*, 10 de octubre del 2023, https://www.theguardian.com/environment/2023/oct/10/uncharted-territory-kew-scientists-say-more-than-2m-fungi-species-waiting-to-be-identified-aoe.

130 **de 2,2 a 3,8 millones de especies por identificar:** David L. Hawksworth y Robert Lücking, «Fungal Diversity Revisited: 2.2 to 3.8 Millon Species», en *Microbiology Spectrum*, vol. 5, núm. 4 (julio del 2017), págs. 79-95, https://doi.org/10.1128/ microbiolspec.funk-0052-2016.

131 **El carbono que se está fijando es complejo:** Heidi-Jayne Hawkins *et al.*, «Mycorrhizal Mycelium as a Global Carbon Pool», en *Current Biology*, vol. 33, núm. 11 (5 de junio del 2023), págs. R560-R573, https://doi.org/10.1016/j.cub.2023.02.027.

131 **cadenas más largas que pueden permanecer en el suelo centenares e incluso millares de años:** Serita D. Frey, «Mycorrizhal Fungi as Mediators of Soil Organic Matter Dynamics», en *Annual Review of Ecology, Evolution, and Systematics*, vol. 50,

núm. 1 (2019), págs. 237-259, https://doi.org/10.1146/annurev-ecolsys-110617-062331.

131 **Anualmente migran a la atmósfera 54 000 millones de toneladas de gases de efecto invernadero:** Berta Bago, Philip E. Pfeffer y Yair Sachar-Hill, «Carbon Metabolism and Transport in Arbuscular Mycorrhizas», en *Plant Physiology*, vol. 124, núm. 3 (noviembre del 2000), págs. 949-958, https://doi.org/10.1104/pp.124.3.949.

131 **Se calcula en 2500 millones de toneladas el carbono existente en el manto de la Tierra:** Martin Köchy, Roland Hiederer y Annette Freibauer, «Global Distribution of Soil Organic Carbon – Part 1: Masses and Frequent Distributions of SOC Stocks for the Tropics, Permafrost Regions, Wetlands, and the World», en *Soil*, vol. 1, núm. 1 (16 de abril del 2015), págs. 351-365, https://doi.org/10.5194/soil-1-351-2015.

132 **La manera esencial que tienen de comunicarse es la sexual:** Michael Hathaway y Willoughby Arévalo, «How Do Fungi Communicate?», en *MIT Technology Review*, 24 de abril del 2023, https://www.technologyreview.com/2023/04/24/1071363/fungi-fungus-communication-explainer/.

132 **Las plantas del género *Voyria* no realizan la fotosíntesis:** Sheldrake, *Entangled Life*, págs. 156-158.

133 **Los hongos son políglotas:** Fabien Cottier y Fritz A. Mühlschlegel, «Communication in Fungi», en *International Journal of Microbiology*, vol. 2012 (26 de septiembre del 2011), art. 351832, https://doi.org/10.1155/2012/351832.

133 **Sheldrake se pregunta si no tendremos también «ceguera fúngica»:** Sheldrake, *Entangled Life*, pág. 161.

134 **Las abejas cuentan con números:** Jeremy Hance, «Uncovering the Intelligence of Insects, an Interview with Lars Chittka», en *Mongabay*, 29 de junio del 2010, https://news.mongabay.com/2010/06/uncovering-the-intelligence-of-insects-an-interview-with-lars-chittka/.

134 **Los cascanueces americanos recuerdan dónde están enterrados miles de piñones:** University of New Hampshire, «Researcher Uncovering Mysteries of Memory by Studying Clever Bird», en *Science Daily*, 12 de octubre del 2006, https://www.sciencedaily.com/releases/2006/10/061012094818.htm;

Lesley Evans Ogden, «Better Know a Bird: The Clark's Nutcracker and Its Obsessive Seed Hoarding», en *Audubon*, 8 de noviembre del 2026, https://www.audubon.org/magazine/better-know-bird-clarks-nutcracker-and-its-obsessive-seed-hoarding.

Capítulo 10: La lengua

138 **[la lengua inglesa] está hecha de palabras procedentes de otras lenguas, pueblos y épocas:** Willem Larsen con el «explorador urbano» Peter Michael Bauer, en Peter Michael Bauer, «E-primitive: Rewilding the English Language», 4 de febrero del 2008. [Véase https://theanarchistlibrary.org/library/urban-scout-rewild-or-die#toc23.]

138 **La totalidad de los cien millones de compuestos químicos sintetizados:** Zhanyun Wang *et al.*, «Toward a Global Understanding of Chemical Pollution: A First Comprehensive Analysis of National and Regional Chemical Inventories», en *Environmental Science & Technology*, vol. 54, núm. 5 (2020), págs. 2575-2584, https://doi.org/10.1021/acs.est.9b06379.

138 **lo que hace de la química industrial el grupo lingüístico (por recuento de palabras) más amplio a escala global:** Stephen Lower, «Introduction to Chemical Nomenclature», Fraser University, LibreTexts Chemistry, https://chem.libretexts.org/@go/page/3606?pdf.

139 **buscar la palabra para «naturaleza» en las lenguas indígenas:** Andrew Messing, «Re: Do You Know Any Examples of Indigenous Language Having a Concept for "Wilderness"?», ResearchGate, 2014, en respuesta a una pregunta planteada el 27 de abril del 2014, https://www.researchgate.net/post/Do-you-know-any-examples-of-indigenous-language-having-a-concept-for-wilderness.

140 **En 1520, tres carabelas:** Paul Hawken, *Blessed Unrest*, Penguin, Nueva York, 2007, pág. 87.

141 **Leerlo es como entrar en una esfera de existencia diferente:** *ibid.*, pág. 90.

142 **En la ciudad de Nueva York se hablan más de setecientas lenguas:** Alex Carp, «The Endangered Languages of New

York», en *The New York Times Magazine*, 22 de febrero del 2024, https://www.nytimes.com/interactive/2024/02/22/magazine/endangered-languages-nyc.html.

143 **las lenguas habladas en el mundo:** «List of Endangered Languages in the United States», Wikipedia, última revisión el 30 de mayo del 2024, https://en.wikipedia.org/wiki/List_of_endangered_languages_in_the_United_States.

143 **constituyen una *etnosfera*:** Wade Davis, «The Ethnosphere and the Academy», discurso pronunciado en la conferencia *Indigenous Knowledges: Transforming the Academy*, Pennsylvania State University, 27 de mayo del 2004.

143 **El estado del mundo se refleja en cómo las lenguas dominantes han aplastado la extraordinaria diversidad de la cultura humana:** Christopher Moseley (ed.), «Atlas of the World's Languages in Danger», UNESCO, 2010, https://unesdoc.unesco.org/ark:/48223/pf0000187026. [Disponible en español: «Atlas de las lenguas del mundo en peligro», https://unesdoc.unesco.org/ark:/48223/pf0000189453.]

143 **Davis ve las lenguas como un biólogo la diversidad de las especies:** Wade Davis, *Light at the Edge of the World: A Journey through the Realm of Vanishing Cultures*, National Geographic, Washington D. C., 2001.

144 **Hay en el mundo un ecosistema de las lenguas:** «General Information Folio 5: Appropriate Terminology, Indigenous Australian Peoples», en *Teaching the Teachers: Indigenous Australian Studies for Primary Pre-Service Teacher Education*, University of New South Wales, School of Teacher Education, Oatley (Australia), 1996, https://cdn.prod.website-files.com/67ce3b-ba5a19b9c6f414a028/68ba698712a83b7acaa22b41_Appropriate-terminoloy_Aboriginal.pdf.

144 **Nombran a los pinos de gran tamaño por el sonido del viento:** Silas Tertius Rand, *Legends of the Micmacs*, Longmans, Green & Co., Nueva York, 1894.

146 **se registraron en California unas precipitaciones históricas que causaron una inundación masiva:** William H. Brewer, *Up and Down California in 1860-1864: The Journal of William H. Brewer*, University of California Press, Berkeley (California), 2003.

147 **Las pruebas geológicas evidencian que grandes inundaciones como la de 1861-1862 suceden periódicamente:** Michael Dettinger y B. Lynn Ingram, «Megastorms Could Drown Massive Portions of California», en *Scientific American*, 1 de enero del 2013, https://www.scientificamerican.com/article/megastorms-could-down-massive-portions-of-california/.

148 **El hombre blanco preguntó: «¿Dónde está tu nación?»:** William Least Heat-Moon, *PrairyErth: A Deep Map*, Houghton Mifflin Harcourt, Nueva York, 1991, Kindle.

148 **Desde 1800 se ha destruido un tercio de los bosques:** «Annual Tropical Deforestation by Agricultural Product», Our World in Data, https://ourworldindata.org/grapher/deforestation-by-commodity.

149 **«Las lenguas conscientes no requieren una *lógica de la creencia*...»:** «Tiokasin Ghosthorse, Lakota Native American on Intuitive Intelligence», conversación en Tamera, Portugal, en un aparte de la conferencia *Defend the Sacred*, 17 de agosto del 2019, vídeo de YouTube, 19:22, https://www.youtube.com/watch?v=qtQ7oJKDjRg.

Capítulo 11: Ojos de papel

151 **En el nombre de la Abeja:** *The Poems of Emily Dickinson*, ed. de Thomas H. Johnson, The Belknap Press of Harvard University Press, © 1951, 1955, 1979, 1983 by the President and Fellows of Harvard College. [Trad. esp. de José Luis Rey: *Poesías completas*, ed. bilingüe, Visor, Madrid, 2013.]

151 **Miro atrás con mis tres opsinas:** Yoshinori Shichida y Take Matsuyama, «Evolution of Opsins and Phototransduction», en *Philosophical Transactions of the Royal Society B*, vol. 364, núm. 1531 (2009), págs. 2881-2895, https://doi.org/10.1098/rstb.2009.0051.

151 **Hoy luce unas alas iridiscentes que relucen como vestidos de baile:** Ben Guarino, «There's a Huge and Hidden Migration in North America – of Dragonflies», en *The Washington Post*, 21 de diciembre del 2018, https://www.washingtonpost.com/science/2018/12/21/theres-huge-hidden-migration-america-dragonflies/.

152 **Un ejemplo notable de la capacidad de observación de los indígenas:** Leland C. Wyman y Flora Bailey, *Navaho Indian Ethnoentomology*, University of New Mexico Press, Albuquerque (Nuevo México), 1964, tomado de Lynne Kelly, *The Memory Code: The Secrets of Stonehenge, Easter Islands and Other Ancient Monuments*, Pegasus, Nueva York, 2017, pág. 303, Kindle; Ralph Bulmer, «Review: Untitled», reseña de *Navaho Indian Ethnoentomology*, de Leland C. Wyman y Flora L. Bailey, en *American Anthropologist*, vol. 67, núm. 6 (diciembre de 1965), págs. 1564-1566, https://www.jstor.org/stable/669185.

153 **Observó que las aves insectívoras y las libélulas ignoraban a las mariposas comestibles:** Henry Walter Bates, *The Naturalist on the River Amazons: A Record of Adventures, Habits of Animals, Sketches of Brazilian and Indian Life, and Aspects of Nature under the Equator, during Eleven Years of Travel*, Humboldt, Nueva York, 1873; Cambridge University Press, Cambridge (Reino Unido), 2009. [Trad. esp. de Marta Pérez Sánchez: *El naturalista por el Amazonas*, 3 vols., Laertes, Barcelona, 1984-1985.]

154 **La explicación científica es la existencia de una red reguladora:** Suriya Narayanan Murugesan *et al.*, «Butterfly Eyespots Evolved via Cooption of Ancestral Gene-Regulatory Network That Also Patterns Antennae, Legs, and Wings», en *Proceedings of the National Academy of Sciences*, vol. 119, núm. 8 (15 de febrero del 2022), art. e2108661119, https://doi.org/10.1073/pnas.2108661119.

154 **Cuando nacen las orugas, consumen las hojas del algodoncillo:** Max Planck Society, «Sequestration of Plant Toxins by Monarch Butterflies Leads to Reduced Warning Signal Conspicuousness», en Phys.org., 18 de enero del 2023, https://phys.org/news/2023-01-sequestration-toxins-monarch-butterflies-conspicuousness.html.

154 **las nocturnas son más de ciento sesenta mil:** Eklöf, *The Darkness Manifesto*, pág. 10, Kindle.

155 **Entre los organismos de la Tierra que conocemos, uno de cada diez es una mariposa nocturna:** Max Anderson, Ellen L. Rotheray y Fiona Mathews, «Marvellous Moths! Pollen Deposition Rate of Bramble (*Rubus futicosus* L. agg.) Is Greater at Night Than Day», en *PLoS One*, vol. 18, núm. 3 (29 de

marzo del 2023), art. e0281810, https://doi.org/10.1371/journal.
pone.0281810; Akito Kawahara, «Opinion: Look at a Moth – and
Find a Wonder That's Been Waiting All Along», en *The Washington Post*, 8 de agosto del 2023, https://www.washingtonpost.com/
opinions/2023/08/08/moths-environment-disappearing-photos/.

156 **¿Y si los insectos fueran sintientes y conscientes, se percataran de nuestra existencia y tuvieran la capacidad de experimentar emociones?**: Matilda Gibbons *et al.*, «Chapter Three
– Can Insects Feel Pain? A Review of the Neural and Behavioural
Evidence», en *Advances in Insect Physiology*, vol. 63 (2022),
págs. 155-229, https://doi.org/10.1016/bs.aiip.2022.10.001.

156 **Según estudios recientes, es posible que así sea:** Irina
Mikhalevich y Russell Powell, «Minds without Spines: Evolutionarily Inclusive Animal Ethics», en *Animal Sentience*, vol. 29,
núm. 1 (2020), https://doi.org/10.51291/2377-7478.1527.

156 **Experimentan dolor y placer:** Helen Lambert, Angie
Elwin y Neil D'Cruze, «Wouldn't Hurt a Fly? A Review of Insect Cognition and Sentience in Relation to Their Use as Food
and Feed», en *Applied Animal Behaviour Science*, vol. 243 (2021),
art. 105432, https://doi.org/10.1016/j.applanim.2021.105432.

156 **son conscientes:** Colin Klein y Andrew B. Barron, «Insects Have the Capacity for Subjective Experience», en *Animal
Sentience*, vol. 9, núm. 1 (2016), https://doi.org/10.51291/2377-
7478.1113.

157 **«podrían considerarse con acierto alienígenas del espacio interior»:** Lars Chittka, *The Mind of a Bee*, Princeton University Press, Princeton (Nueva Jersey), 2022, Kindle.

157 **Toda su dieta está contenida en una flor:** Stephen L.
Buchmann, *What a Bee Knows: Exploring the Thoughts, Memories, and Personalities of Bees*, Island Press, Washington D. C.,
2023, pág. 57, Kindle.

157 **las poblaciones de insectos se han reducido entre el 30
y el 75 %:** Casper A. Hallmann *et al.*, «More Than 75 Percent
Decline over 27 Years in Total Flying Insect Biomass in Protected
Areas», en *PloS ONE*, vol. 12, núm. 10 (2017), art. e0185809,
https://doi.org/10.1371/journal.pone.0185809.

158 **Si los insectos desaparecen, nosotros vamos detrás:** Edward O. Wilson, en Oliver Milman, *The Insect Crisis: The Fall*

of the Tiny Empires That Run the World, W. W. Norton, Nueva York, 2022, págs. 5, 25. [Trad. esp. de Iosune de Goñi García: *La crisis de los insectos: la caída de los pequeños imperios que gobiernan el mundo*, Alianza, Madrid, 2024.]

158 **La Tierra regresaría al estado en que se encontraba mil millones de años atrás:** Edward O. Wilson, «The Little Things That Run the World (The Importance and Conservation of Invertebrates)», en *Conservation Biology*, vol. 1, núm. 4 (1987), págs. 344-346, https://www.jstor.org/stable/2386020.

158 **Los insectos constituyen una parte integral de los ecosistemas terrestres:** Marc Cocker, «Look Up, Listen and Be Very Concerned. Birds Are Vanishing – and Their Crisis Is Our Crisis», en *The Guardian*, 17 de abril del 2023, https://www.theguardian.com/commentisfree/2023/apr/17/birds-vanishing-crisis-40m-birds.

159 **proteger el hábitat de los insectos es esencial para la supervivencia:** Kenneth V. Rosenberg *et al.*, «Decline of the North American Avifauna», en *Science*, vol. 366, núm. 6461 (2019), págs. 120-124, https://doi.org/10.1126/science.aaw1313.

159 **la crisis de los insectos plantea a la humanidad una amenaza tan seria como la del cambio climático:** Pedro Cardoso *et al.*, «Scientists' Warning to Humanity on Insect Extinctions», en *Biological Conservation*, vol. 242 (2020), art. 108426, https://doi.org/10.1016/j.biocon.2020.108426.

159 **Resulta notable que el desplome de los insectos lo detectaran unos científicos que dedicaban los fines de semana a trabajar como entomólogos aficionados:** Milman, *The Insect Crisis*, pág. 17.

161 **La acetamiprida, el compuesto químico dominante en la compota de manzana:** Helena Horton, «Defra May Approve "Devastating" Bee-Killing Pesticide, Campaigners Fear», en *The Guardian*, 7 de diciembre del 2021, https://www.theguardian.com/environment/2021/dec/07/defra-may-approve-devastating-bee-killing-pesticide-campaigners-fear.

161 **los agricultores son adictos a un insecticida:** Courtney Lindwall, «Neonicotinoids 101: The Effects on Humans and Bees», Natural Resources Defense Council, 25 de mayo del 2022, https://www.nrdc.org/stories/neonicotinoids-101-effects-humans-

and-bees. [Disponible en español: «Neonicotinoides 101: los efectos en los seres humanos y las abejas», https://www.nrdc.org/es/stories/neonicotinoides-101-efectos-humanos-abejas#qu.]

161 **un insecticida que acabará por destruir la agricultura:** Stefanie Christmann, «Climate Change Enforces to Look beyond the Plant – the Example of Pollinators», en *Current Opinion in Plant Biology*, vol. 56 (2020), págs. 162-167, https://doi.org/10.1016/j.pbi.2019.11.001.

162 **Las poblaciones de aves en las tierras de cultivo europeas se han reducido a la mitad:** Isabella Tree, *Wilding: Returning Nature to Our Farm*, New York Review Books, Nueva York, 2019, pág. 4, Kindle. [Trad. esp. de David Muñoz Mateos: *Asilvestrados: el regreso de la naturaleza a nuestras tierras*, Capitán Swing, Madrid, 2023.]

162 **su ignorancia de los ecosistemas de insectos:** Frank Dikötter, *Mao's Great Famine: The History of China's Most Devastating Catastrophe, 1958-1962*, Bloomsbury, Nueva York, 2011. [Trad. esp. de Joan Josep Mudarra Roca: *La gran hambruna en la China de Mao: historia de la catástrofe más devastadora de China (1958-1962)*, Acantilado, Barcelona, 2017.]

163 **aboga por restaurar la diversidad agrícola:** Stefanie Christmann *et al.*, «Farming with Alternative Pollinators Benefits Pollinators, Natural Enemies, and Yields, and Offers Transformative Change to Agriculture», en *Scientific Reports*, vol. 11, núm. 1 (14 de septiembre del 2021), art. 18206, https://doi.org/10.1038/s41598-021-97695-5.

165 **Si te es posible, deja de cortar el césped del jardín:** Hilary Howard, «To Save Monarch Butterflies, They Had to Silence the Lawn Mowers», en *The New York Times*, 14 de octubre del 2023, https://www.nytimes.com/2023/10/14/nyregion/to-save-monarch-butterflies-they-had-to-silence-the-lawn-mowers.html.

Capítulo 12: Primigenio

167 **los parientes de las libélulas actuales:** Ker Than, «Why Giant Bugs Once Roamed the Earth», en *National Geographic*, 9 de agosto del 2011, https://www.nationalgeographic.com/

science/article/110808-ancient-insects-bugs-giants-oxygen-animals-science.

168 **desde que el meteorito Chicxulub impactó en la península de Yucatán:** Carolyn Y. Johnson, «An Apocalyptic Dust Plume Killed Off the Dinosaurs, Study Says», en *The Washington Post*, 30 de octubre del 2023, https://www.washingtonpost.com/science/2023/10/30/dust-killed-dinosaurs-tanis-climate/.

168 **Sin la fotosíntesis, el 75 % de los vegetales perecieron:** Peter Brannen, *The Ends of the World: Volcanic Apocalypses, Lethal Oceans, and Our Quest to Understand Earth's Past Mass Extintions*, HarperCollins, Nueva York, 2017, pág. 194, Kindle. [Trad. esp. de David León Gómez: *Los finales del mundo: una historia de erupciones volcánicas, océanos letales y extinciones masivas. Los apocalipsis pasados y futuros de la Tierra*, Shackleton Books, Barcelona, 2022.]

168 **Las plantas florales con semillas latentes emergieron varios años después:** Daniel Immerwahr, «Mother Trees and Socialist Forests: Is the "Wood-Wide Web" a Fantasy?», en *The Guardian*, 23 de abril del 2024, https://www.theguardian.com/environment/2024/apr/23/mother-trees-and-socialist-forests-is-the-wood-wide-web-a-fantasy.

169 **Tenemos un sesgo cognitivo que nos hace considerar las plantas y los árboles como seres inferiores:** Sarah Kaplan, «As Many as One in Six U.S. Tree Species Is Threatened with Extinction», en *The Washington Post*, 23 de agosto del 2022, https://www.washingtonpost.com/climate-environment/2022/08/23/extinct-tree-species-sequoias/.

169 **Uno de cada seis árboles:** Jayne Dowle, «Scientists Issue Stark Warning About the Threat to US Native Trees», en *Gardeningetc*, 24 de septiembre del 2022, https://www.gardeningetc.com/news/us-native-trees-threat.

169 **se enfrenta a la extinción:** Markus Reichstein y Nuno Carvalhais, «Aspects of Forest Biomass in the Earth System: Its Role and Major Unknowns», en *Surveys in Geophysics*, vol. 40 (2019), págs. 693-707, https://doi.org/10.1007/s10712-019-09551-x.

170 **El período interglaciar anterior fue el Eemiense:** Nathaelle Bouttes, «Warm Past Climates: Is Our Future in the Past?»,

National Centre for Atmospheric Science, 27 de mayo del 2020, archivado a partir del original, del 13 de agosto del 2018, https://web.archive.org/web/20180813004809/https://www.ncas.ac.uk/en/climate-blog/397-warm-past-climates-is-our-future-in-the-past.

172 **Los hipopótamos se revolcaban en el delta del Támesis:** Thijs van Kolfschoten, «The Eemian Mammal Fauna of Central Europe», en *Netherlands Journal of Geosciences*, vol. 79, núm. 2/3 (2000), págs. 269-281, https://doi.org/10.1017/S0016774600021752.

173 **La naturaleza no planta árboles:** Jean-François Bastin *et al.*, «The Global Tree Restoration Potential», en *Science*, vol. 365, núm. 6448 (5 de julio del 2019), págs. 76-79, https://www.science.org/doi/10.1126/science.aax0848.

173 **Plantar árboles en terrenos yermos es como alimentar a un pájaro en una jaula:** Ben Rawlence, *The Treeline: The Last Forest and the Future of Life on Earth*, St. Martin's, Nueva York, 2022, pág. 33, Kindle.

173 **Proteger los bosques existentes tendría mucho más impacto desde la actualidad hasta el 2100 que plantar nuevos bosques:** Eric Roston, «Corporate Net-Zero Goals Don't Add Up to a Net-Zero Planet», en *Bloomberg*, 27 de julio del 2022, https://www.bloomberg.com/news/articles/2022-06-27/companies-net-zero-emissions-goals-don-t-add-up.

176 **Cuando se procede a la tala [de la taiga], incluida la modalidad de tala rasa, la perturbación seca el suelo:** Julian Mock, Nadja Popovich y John Schwartz, «One Thing You Can Do: Help to Preserve Forests», en *The New York Times*, 8 de enero del 2020, https://www.nytimes.com/2020/01/08/climate/nyt-climate-newsletter-forests.html.

176-177 **la taiga de Canadá se está fragmentando por la minería y la silvicultura industrial:** Rawlence, *The Treeline*, págs. 209-210, Kindle.

177 **Ciertas empresas destruyen pinos para fabricar papel higiénico:** Ian Austin y Vjosa Isai, «Canada's Logging Industry Devours Forests Crucial to Fighting Climate Change», en *The New York Times*, 4 de enero del 2024, https://www.wabakimi.org/uploads/1/2/9/3/129364235/canada%E2%80%99s_boreal_forests_badly_damaged_by_logging_-_the_new_york_times.pdf.

177 «¿Qué necesitó ese árbol para vivir tantos años...?»: Schlanger, *The Light Eaters*, pág. 244, Kindle.

177 **la dimensión biológica de los bosques primarios:** John W. Reid y Thomas E. Lovejoy, *Ever Green: Saving Big Forests to Save the Planet*, W. W. Norton, Nueva York, 2022, pág. 20.

178 **una manera colonial de considerar el valor de los megabosques:** Yinka Ibukun y Natasha White, «Dubai Firm's Africa Ambitions Raises Carbon Colonialism Concerns», en *Bloomberg*, 29 de noviembre del 2023, https://www.bloomberg.com/news/articles/2023-11-29/dubai-firm-s-africa-ambitions-raises-carbon-colonialism-concerns.

178 **allí los bosques tropicales con árboles de hoja ancha contienen quince mil especies de plantas:** «Tropical and Subtropical Moist Broadleaf Forests: Southeastern Asia: Indonesia and Malaysia», World Wildlife Fund (WWF), https://www.worldwildlife.org/ecoregions/im0102.

178 **agrupaciones de altísimos dipterocarpos:** Takuo Yamakura *et al.*, «Tree Size in a Mature Dipterocarp Forest Stand in Sebolu, East Kalimantan, Indonesia», en *Southeast Asian Studies*, vol. 23, núm. 4 (1986), págs. 452-478, https://kyoto-seas.org/pdf/23/4/230404.pdf.

179 **«Para que la humanidad moderna conserve los megabosques...»:** Reid y Lovejoy, *Ever Green*, págs. 8-11.

Capítulo 13: Tierra oscura

181 **El sistema vivo más complejo de la Tierra:** McCoy, *Radical Mycology*, pág. 28.

182 **expresar la verdad primordial del origen de la vida:** Gabriel Popkin, «Soll's Microbial Market Shows the Ruthless Side of Forests», en *Quanta Magazine*, 27 de agosto del 2019, https://www.quantamagazine.org/soils-microbial-market-shows-the-ruthless-side-of-forests-20190827/.

183 **Diversas especies de escarabajos son muy valiosas, pues se alimentan de parásitos:** Ann E. Hajek y Jørgen Eilenberg, *Natural Enemies: An Introduction to Biological Control*, Cambridge University Press, Cambridge (Reino Unido), 2018.

183 **Esto convierte a los escarabajos en los mejores amigos del agricultor:** Carl H. Lindroth, «The Linnaean Species of Carabid Beetles», en *Zoological Journal of the Linnaean Society*, vol. 43, núm. 291 (marzo de 1957), págs. 325-341, https://doi.org/10.1111/j.1096-3642.1957.tb01556.x.

183 **«los más grandes alquimistas del planeta»:** Nicole Masters, *For the Love of Soil: Estrategies to Regenerate Our Food Production Systems*, Printable Reality, Nueva Zelanda, 2019, págs. 138-142, Kindle.

184 **Darwin puso manos a la obra y trabajó estrechamente con sus hijos para estudiar las lombrices de tierra:** Jeremy Megraw, «The Importance of Earthworms: Darwin's Last Manuscript», New York Public Library, 19 de abril del 2022, https://www.nypl.org/blog/2012/04/19/earthworms-darwins-last-manuscript.

185 **En cuanto a los ingenieros del suelo:** Olga Maria Correia Chitas Ameixa *et al.*, «Ecosystem Services Provided by the Little Things That Run the World», en Bülent Şen y Oscar Grillo (eds.), *Selected Studies in Biodiversity*, InTechOpen, Londres, 2018, https://doi.org/10.5772/intechopen.74847.

185 **Los escarabajos peloteros mejoran la estructura del suelo:** «Land Degradation Neutrality», Convención de las Naciones Unidas de Lucha contra la Desertificación, 2014, https://catalogue.unccd.int/858_V2_UNCCD_BRO_.pdf. [Disponible en español: «Neutralidad en la degradación de la tierra», https://catalogue.unccd.int/858_V2_UNCCD_BRO_SPA.pdf.]

186 **un sentido de la orientación casi místico:** Marie Dacke *et al.*, «Dung Beetles Use the Milky Way for Orientation», en *Current Biology*, vol. 23, núm. 4 (2013), págs. 298-300, https://doi.org/10.1016/j.cub.2012.12.034.

186 **si no fuese por la presencia del *Homo sapiens*, la Tierra sería el planeta de las hormigas:** Edward O. Wilson, *Tales from the Ant World*, Liveright, Nueva York, 2020, pág. 9, Kindle. [Trad. esp. de Pedro Pacheco González: *Historias del mundo de las hormigas*, Crítica, Barcelona, 2022.]

186 **Una sola colonia de hormigas argentinas es mayor que Texas:** Patrick Schultheiss *et al.*, «The Abundance, Biomass and Distribution of Ants on Earth», en *Proceedings of the National*

Academy of Sciences, vol. 119, núm. 40 (2022), art. e2201550119, https://doi.org/10.1073/pnas.2201550119.

187 **Los montículos subterráneos de los hormigueros abarcan hasta treinta metros:** Erik Cammeraat y Anita Risch, «The Impact of Ants on Mineral Soil Properties and Processes at Different Spatial Scales», en *Journal of Applied Entomology*, vol. 132, núm. 4 (mayo del 2008), págs. 285-294, https://doi.org/10.1111/j.1439-0418.2008.01281.x.

187 **Formaciones de nematodos se suman al festín:** Mark Blaxter, «Nematodes: The Worm and Its Relatives», en *PLoS Biology*, vol. 9, núm. 4 (abril del 2011), págs. 1-9, https://doi.org/10.1371/journal.pbio.1001050.

189 **Es muy posible que la mayoría de los agricultores no hayan visto jamás un suelo a pleno rendimiento:** Jon Stika, *A Soil Owner's Manual: How to Restore and Maintain Soil Health*, autopublicación, CreateSpace, 2016, pág. 22, Kindle.

190 **Las técnicas de cultivo modernas pulverizan el suelo, liberan carbono en el aire y destruyen macroporos:** Masters, *For the Love of Soil*, pág. 158, Kindle.

191 **En los últimos cuarenta años, un tercio de la tierra arable se ha perdido:** Michael Fakhri, «Public Statement by the United Nations Special Rapporteur on the Right to Food, Mr. Michael Fakhri», Oficina del Alto Comisionado de las Naciones Unidas para los Derechos Humanos, 20 de mayo del 2022, https://www.ohchr.org/sites/default/files/2022-05/joint-statement-wto-imf-wfp.pdf.

191 **una tasa de erosión del suelo entre cien y mil veces mayor que la correspondiente a la erosión natural:** «Global Symposium on Soil Erosion», del 15 al 17 de mayo del 2019, Organización de las Naciones Unidas para la Alimentación y la Agricultura, Roma, Italia, https://www.fao.org/about/meetings/soil-erosion-symposium/en/. [Disponible en español: «Simposio Mundial sobre la Erosión del Suelo», https://www.fao.org/about/meetings/soil-erosion-symposium/es/.]

191 **tres mil millones de personas no pueden permitirse una dieta saludable:** Hannah Ritchie y Pablo Rosado, «Almost Three Billion People Cannot Afford a Healthy Diet», Our World in Data, julio del 2021, última actualización en octubre del 2025, https://ourworldindata.org/diet-affordability.

192 **Las interacciones entre bacterias, microbios, virus, hongos, hormigas, lombrices de tierra, insectos y nematodos:** Tania W. Humphrey, Dario T. Bonetta y Daphne R. Goring, «Sentinels at the Wall: Cell Wall Receptors and Sensors», en *New Phytologist*, vol. 176, núm. 1 (agosto del 2007), págs. 7-21, https://doi.org/10.1111/j.1469-8137.2007.02192.x.

192 **Los microbios unicelulares pueden poseer en su pared celular cien mil sensores:** Isabelle Hug *et al.*, Universidad de Basilea, «Bacteria Have a Sense of Touch», en *ScienceDaily*, 26 de octubre del 2017, https://www.sciencedaily.com/releases/2017/10/171026142320.htm.

192 **Hay una banda sonora para esta danza:** Shreya Dasgupta, «Sounds of the Soil: A New Tool for Conservation?», en *Mongabay*, 30 de junio del 2023, https://news.mongabay.com/2023/06/sounds-of-the-soil-a-new-tool-for-conservation/.

192 **los científicos han insertado micrófonos en el suelo y subido el volumen:** Ute Eberle, «Life in the Soil Was Thought to be Silent. What If It Isn't?», en *Knowable Magazine*, 9 de febrero del 2022, https://knowablemagazine.org/content/article/living-world/2022/life-soil-was-thought-be-silent-what-if-it-isnt.

193 **Los sonidos combinados de suelos ricos y diversos:** «Fascinating Soil», Sounding Soil, un proyecto de Bio-Vision, https://www.biovision.ch/en/soundingsoil/about-soundingsoil/.

193 **Los científicos que investigan los sonidos del suelo:** Marcus Maeder *et al.*, «Sounding Soil: An Acoustic, Ecological and Artistic Investigation of Soil Life», en *Soundscape: The Journal of Acoustic Ecology*, vol. 18, núm. 1 (2019), págs. 5-14, https://doi.org/10.21810/aer.v18i1.5388.

194 **un grupo cada vez más amplio de doctores agrícolas que cuidan de la tierra:** «Home Grown: The Agriculture Industry», The California State University, https://www.calstate.edu/csu-system/news/Pages/where-the-jobs-are-agriculture.aspx.

195 **Las praderas de hierba alta de Norteamérica:** «Tallgrass Prairie and Carbon Sequestration», Tallgrass Ontario, https://tallgrassontario.org/wp-site/carbon-sequestration/.

195 **el suelo más fértil del mundo:** Masters, *For the Love of Soil*, pág. 157, Kindle.

Capítulo 14: Un mundo no traducido

197 **Emprende un viaje más allá de los deslumbrantes cielos urbanos:** Eklöf, *The Darkness Manifesto*, pág. 216, Kindle.

198 **La pareja ha viajado varias veces a la sabana africana:** Tree, *Wilding*, pág. 70, Kindle.

198 **Charlie se preguntó si no podrían imitar lo que habían visto en África:** *ibid.*, pág. 58, Kindle.

198 **la obra del biólogo Frans Vera:** *ibid.*, pág. 57, Kindle.

200 **«La restauración ecológica –darle a la naturaleza el espacio y la oportunidad de expresarse– es en gran parte un voto de confianza...»:** *ibid.*, pág. 9, Kindle.

200 **una cigüeña blanca que habían introducido construyó su nido en una de las torrecillas del castillo:** Caitlin Moran, «Why the Knepp Rewilding Project Is Truly Magical», en *The Times*, 28 de abril del 2023, https://www.thetimes.com/life-style/article/why-the-knepp-rewilding-project-is-truly-magical-m68trp899.

201 **La población de mariposas experimentó un enorme incremento:** Tree, *Wilding*, págs. 168, 176, 268-269, Kindle.

201-202 **las tasas de captura de carbono en terrenos silvestres:** «The Book of Wilding: Knepp's Soil Carbon Journey», Agricarbon, 9 de junio del 2023, https://www.agricarbon.co.uk/the-book-of-wilding-knepp-soil-carbon/.

202 **una transición biológica del mundo:** Tree, *Wilding*, págs. 9-10, Kindle.

203 **los bisontes se situaron en un ecosistema de pradera y bosque:** Graeme Green, «Herd of 170 Bison Could Help Store CO_2 Equivalent of 43,000 Cars, Researchers Say», en *The Guardian*, 15 de mayo del 2024, https://www.theguardian.com/environment/article/2024/may/15/bison-romania-tarcu-2m-cars-carbon-dioxide-emissions-aoe.

203 **un científico que contrató a un joven guía indígena a fin de adquirir conocimientos *in situ* sobre una selva tropical:** Robin Wall Kimmerer, *Braiding Sweetgrass: Indigenous Wisdom, Scientific Knowledge and the Teachings of Plants*, Milkweed, Mineápolis (Minnesota), 2013, pág. 42, Kindle. [Trad. esp. de David Muñoz Mateos: *Una trenza de hierba sagrada: saber indígena,*

conocimiento científico y las enseñanzas de las plantas, Capitán Swing, Madrid, 2021.]

203 **«Lo que el joven lamenta es que no ha aprendido la interconexión de los habitantes individuales de la selva tropical...»:** Siddhartha Mukherjee, *The Song of the Cell: An Exploration of Medicine and the New Human*, Scribner, Nueva York, 2023, pág. 362. [Trad. esp. de Pilar Alba y Rosa Pérez: *La armonía de las células: una exploración de la medicina y del nuevo ser humano*, Debate, Barcelona, 2023.]

204 **Para la ecóloga marina Monica Gagliano, es la diferencia entre el mundo que piensa y el mundo que siente:** Gagliano, *Thus Spoke the Plant*.

204 **El eje de la vida planetaria son los animales:** Simon Mustoe, *Wildlife in the Balance: Why Animals Are Humanity Best Hope*, Wildiaries, Melbourne (Australia), 2022, pág. 77, Kindle.

204 **tenemos poco o ningún contacto con los 3,4 billones de aves, mamíferos, reptiles, insectos, anfibios y peces:** Brian Tomasik, «How Many Wild Animals Are There?», Essays on Reducing Suffering, 2009, última actualización el 7 de agosto del 2019, https://reducing-suffering.org/how-many-wild-animals-are-there/.

205 **observar lo mucho que ha tardado la «naturaleza» en pasar a un primer plano en el mundo de los negocios:** Manuela Andreoni, «What About Nature Risk?», en *The New York Times*, 14 de marzo del 2024, https://www.nytimes.com/2024/03/14/climate/what-about-nature-risk.html.

205 **Pema Chödrön nos describe como pasajeros de una embarcación que se hunde tratando de aferrarse al agua:** Pema Chödrön, *The Places That Scare You: A Guide to Fearlessness in Difficult Times*, Shambhala, Boston, 2002. [Trad. esp. de Núria Martí: *Los lugares que te asustan: convertir el miedo en fortaleza en tiempos difíciles*, Paidós, Barcelona, 2019.]

206 **enormes cantidades de seres vivos han desaparecido, en un éxodo masivo acelerado:** Lesego Chepape, «Living Planet Index: Wildlife Populations Have Declined by 69 % Since 1970», en *Mail & Guardian*, 18 de octubre del 2002, https://mg.co.za/the-green-guardian/2022-10-18-living-planet-index-wildlife-populations-have-declined-by-69-since-1970/.

207 **Su hogar es también el nuestro:** Mustoe, *Wildlife in the Balance*, pág. 58, Kindle.

208 **En 1970, unos cazadores acorralaron a una manada de orcas:** Caitlin Gibson, «The Call of Tokitae», en *The Washington Post*, 5 de diciembre del 2023, https://www.washingtonpost.com/lifestyle/interactive/2023/tokitae-lolita-orca/.

211 **La inquietud y el pánico se abren paso a través de las generaciones:** Tyler Austin Harper, «The 100-Year Extinction Panic Is Back, Right on Schedule», en *The New York Times*, 26 de enero del 2024, https://www.nytimes.com/2024/01/26/opinion/polycrisis-doom-extinction-humanity.html.

211 **Báyò Akómoláfé le dio la vuelta a la tortilla en un discurso de graduación:** Báyò Akómoláfé, «Let's Meet at the Crossroads», discurso de graduación en el Pacifica Graduate Institute, 29 de mayo del 2021, vídeo de YouTube, 1:00:17, https://youtu.be/Lh2QmobEMFg.

Capítulo 15: Consciente

213 **Siéntate, permanece en silencio:** Jalal al-Din [Yalāl al-Dīn al-Rūmī], *Mystical Poems of Rumi*, University of Chicago Press, 2020, pág. 191, Kindle.

220 **los maestros que necesitamos están ahí, en las comunidades nativas:** Priscilla Settee, «Indigenous Knowledge as the Basis for Our Future», en Nelson (ed.), *Original Instructions*, págs. 45-46, Kindle.

221 **«Si temes lo que puede suceder en el futuro...»:** Barry Lopez, *The Rediscovery of North America*, Vintage, Nueva York, 1992, págs. 55-57.

222 **Sustituye el conocimiento digitalizado por la experiencia directa:** Petuuche Gilbert, «Acoma Coexistence and Continuance», en Nelson (ed.), *Original Instructions*, pág. 36, Kindle.

222 **Arregla y ocúpate de que reviva una franja de tierra:** Oren Lyons, «Listening to Natural Laws», en Nelson (ed.), *Original Instructions*, págs. 23-24, Kindle.

223 **«la vasta y misteriosa inteligencia primordial...»:** Stephan Harding, *Animate Earth: Science Intuition and Gaia*,

Chelsea Green, White River Junction (Vermont), 2006, pág. 40, Kindle. [Trad. esp. de Antonio Rivas: *Tierra viviente: ciencia, intuición y Gaia*, Atalanta, Vilaür, 2021, pág. 63.]

223 **«toque para una sala vacía»:** Dillard, *An American Childhood*, pág. 102.

ESTA PRIMERA EDICIÓN DE *CARBONO. EL LIBRO DE LA
VIDA*, DE PAUL HAWKEN, SE ACABÓ DE IMPRIMIR
Y ENCUADERNAR EN BARCELONA EN LA
IMPRENTA *ROMANYÀ VALLS, S.A.*
EN ABRIL DEL
2026

Últimos títulos publicados

145. *Realidad*. Peter Kingsley. 2.ª ed.

146. *Tierra viviente*. Stephan Harding

147. *El éxtasis del ser*. Joseph Campbell

148. *Jung y la imaginación alquímica*. Jeffrey Raff

149. *El vuelco*. Jeffrey J. Kripal

150. *El campo vibratorio*. Changlin Zhang

151. *Naturaleza esencial*. Christian de Quincey

152. *El universo como una obra de arte*. William K. Mahony

153. *Noé en imágenes*. José Joaquín Parra Bañón

154. *Pensar la ciencia*. Bernardo Kastrup

155. *La filosofía como rito de renacimiento*. Algis Uždavinys

156. *Restaurar el Alma del Mundo*. David Fideler

157. *El milagro egipcio*. R. A. Schwaller de Lubicz

158. *Hilma af Klint, visionaria*. VV. AA.

159. *Diálogo del diamante*. Edición de Juan Arnau

160. *De Planilandia a la cuarta dimensión*. VV. AA.

161. *Pitágoras y la ciencia sagrada*. VV. AA.

162. *La fuente helada*. Claude Bragdon

163. *El espejo de lo maravilloso*. Pierre Mabille

164. *Mito y sentido*. Joseph Campbell

165. *Mysterium magnum*. Jacob Böhme

166. *Las estancias secretas*. Alberto Chimal

167. *Nanna o el alma de las plantas*. Gustav Theodor Fechner

168. *La voz tras el escenario*. Mario Praz

169. *Los árboles en lo visible e invisible*. Ernst Zürcher

170. *Tsimtsum. El origen del mundo y lo divino*. Christoph Schulte

171. *Catafalco. Carl Jung y el fin de la humanidad*. Peter Kingsley

172. *Zohar. Libro del Esplendor*. Edición de Lola Josa

173. *Ātman. Presencia del origen*. Juan Arnau

174. *Carbono. El libro de la vida*. Paul Hawken